図解 眠れなくなるほど面白い

病理学の話

監修●医学博士
志賀貢
Shiga Mitsugu

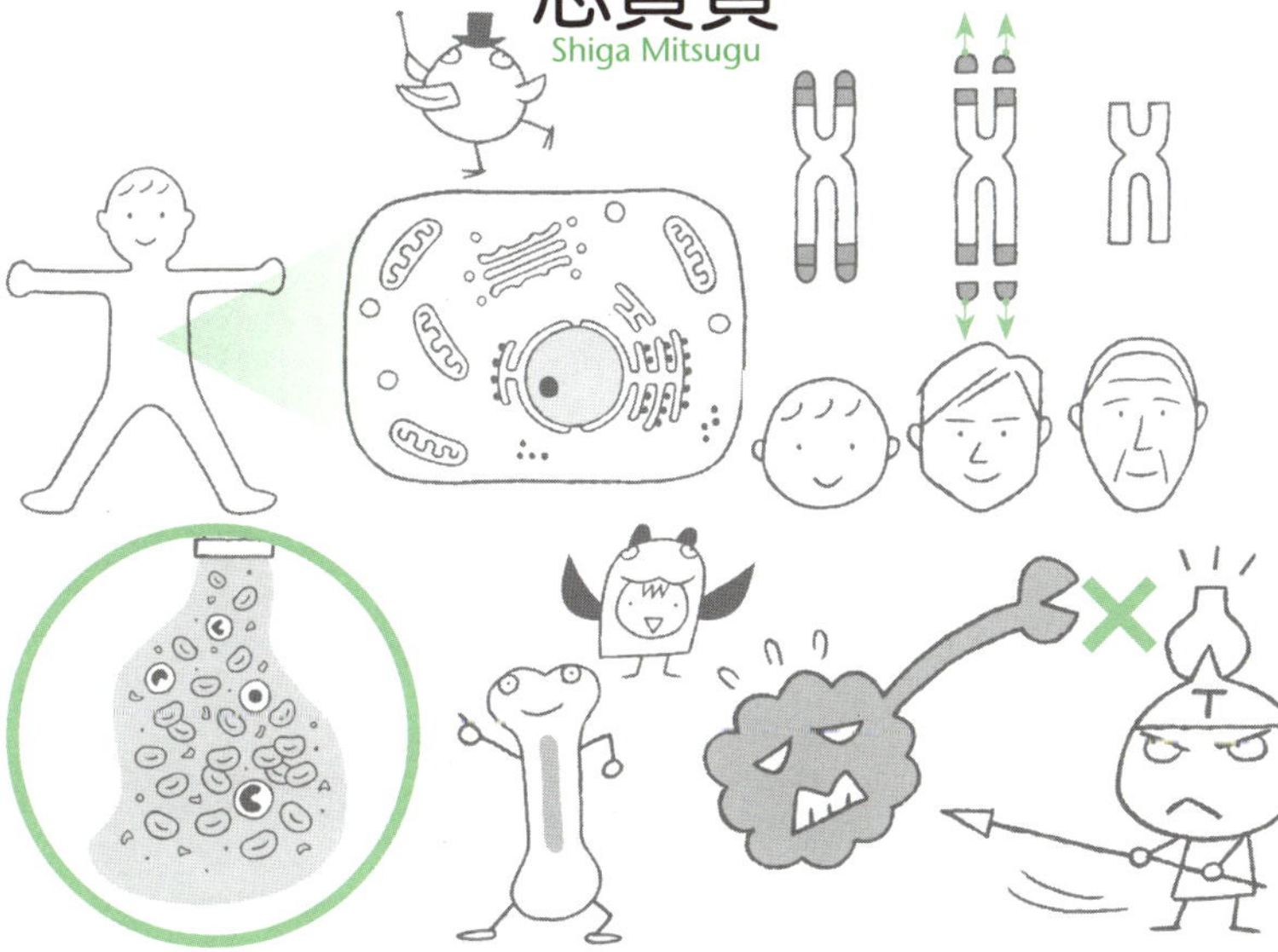

日本文芸社

はじめに 「健康」と「病気」の違いを知るのが病理学の基本

今や、日本では、人生が１００歳まで続くことがあたり前の超高齢社会に突入しました。「人生１００年時代構想会議」が政府の「人づくり革命」の一環として設置され、有識者による議論が何度も繰り返されました。

ある研究では、２００７年に日本で生まれた子どもの半数が１０７歳より長く生きると推計されており、人生80年と長い間言われ続けたライフコースを、令和の始まりとともに見直すときが来ているといえます。

しかし、人生が長くなればなるほど、人間はいろいろな病気との出会いも多くなります。人生１００年となると余計、一度も病気にならない人などいないでしょう。「生老病《しょうろうびょう》死《し》」という言葉もあるように、だれでも一生のうちに、自分や家族が病気とかかわりを持たない人はいません。

ところが、昨今の情報社会の中で医療情報は溢《あふ》れているのに、かえってその情報が未消化で、用語ひとつちゃんとわからない、でも今さら聞けない、という人も少なくないようです。

しかたなく自分で、ネット情報などに頼ることになりますが、こうした検索では、どうしても知識が断片的になりがちです。ばらばらな知識をつなげるには、表面的な現象の裏側で、人間の体に何がおこっているのか、病気のしくみを知る「病理学」の助けを借りるといいでしょう。

病理学と聞くと難しい学問と思いがちですが、これは一口でいえば「なぜ病気になるのか」という医学の根本を明らかにするものですから、「健康」と「病気」

とはいったい何が違うのかという大まかな捉《とら》え方で学べばわかりやすいと思います。中でもとくに、ほとんどの病気は細胞の異常によるものですから、まずは私たちの体をつくる細胞に関して知ってもらうことが重要です。そこで、第1章「細胞」の話題から、話を始めることにしました。

また、本著は、中学生でも楽しく理解できるように、図解を入れながら説明しています。これを見ながら読みすすめれば、病気の原因は人体の神秘につながるものであることに気づくと思います。

内容は専門家からすれば、かならずしも十分でない、あるいは厳密さを犠牲にした表現もあるかもしれません。しかし、この本は、病気について知りたい人に「面白く、わかりやすく」をモットーに書いています。また、諸説あるような事柄に関しては、あまり詮索《せんさく》しないで、ごく一般的に認知された教科書採用レベルの表現にとどめました。それでも難しい聞きなれない言葉も出てきますが重要な医学用語に関しては、その語が初めて出てきたところで、その意味をやさしく説明するよう心がけました、こうした用語さえ知っていれば、次にその言葉を耳にしたときには、難しいという思い込みは消えているはずです。

病気は私たち一人ひとりにとって無縁のものではありません。医学用語に慣れていただき、医師にかかるときも、病気について正しく理解しておいていただければ幸いです。

監修者
志賀 貢

＊本書の内容は、ごく一般的な病理学の知見で述べられたものであり、各個のケースにおいて病状・病理には個人差があります。実際の診断・治療については、自己責任において行われるようご承知ください。

眠れなくなるほど面白い 図解 病理学の話

目次

はじめに●2

第1章 細胞、その不思議な正体

1 ヒトの体をつくる37兆個もの細胞●8
細胞にも寿命があり、自殺もする

2 細胞はいろいろな顔を持っている●10
細胞が集まって、体の組織ができる

3 細胞を支える小器官たち●12
ミトコンドリアはエネルギーを生みだす

4 ユニークな細胞小器官の働き●14
小胞体、ゴルジ体、リボソーム、リソソーム

5 生命の設計図といわれるDNA●16
4種類の物質が遺伝情報を左右する

6 セントラルドグマって何?●18
転写、翻訳の順でDNA情報が解読される

7 遺伝子とDNAはどう違う?●20
記録媒体の名前と書きこまれた情報

8 体細胞には46本の染色体がある●22
染色体とゲノムの関係

9 母性遺伝のミトコンドリアDNA●24
女系の祖先はミトコンドリア・イヴ?

10 遺伝子が関与する疾患●26
染色体や遺伝子の変異によっておこる

Column 病理学とは、どんな学問?●28

第2章 変身し、闘う細胞たちの驚くべき能力

11 細胞は生きるためには姿を変える●30
肥大、過形成、萎縮、化生のしくみ

12 細胞には2通りの死に方がある●32
アポトーシスとネクローシス

13 体の防衛隊「免疫細胞」●34
活発に貪食作用をする、マクロファージ

14 体の免疫システムと老化●36
前線部隊と後続部隊が協力して攻撃

15 「命の回数券」テロメアとは?●38
細胞の老化を止める酵素、テロメラーゼ

16 夢の長寿遺伝子サーチュイン●40
腹7分目が健康寿命を延ばす

17 進む・iPS細胞の臨床研究●42
iPS細胞とES細胞の違いを知る

Column プラナリアの分化とトカゲのしっぽ●44

第3章 体中を循環する血液の役目
18 血液って何? ●46
酸素や栄養分を運び、老廃物を回収する
19 全身を巡り血液を循環させる血管 ●48
血管の老化は重篤な病気の引き金になる
20 血液はどこでつくられるの? ●50
多くは骨の中心「骨髄」でつくられる
21 酸素の運び屋、赤血球 ●52
自由自在に形を変える「ヘモグロビン」を持つ
22 貧血はどうしておきる? ●54
怖い造血機能低下による「再生不良性貧血」
23 体の防衛隊、外敵から守る白血球 ●56
白血球の増減には注意を払う
24 血管の補修をする血小板 ●58
出血の止血に大きな役割をはたす
Column エコノミークラス症候群 ●60
第4章 知っておきたいがんの特性
25 がんとは悪性腫瘍の総称をいう ●62
がん細胞は増殖を続け止まらない
26 腫瘍って何? ●64
良性腫瘍と悪性腫瘍の違い
27 がんにはどうしてなるの?① ●66
多くの要因で正常な細胞が傷ついていく
28 がんにはどうしてなるの?② ●68
がん遺伝子とがん抑制遺伝子のバランスが大事
29 身の回りの発がん物質 ●70
喫煙・飲酒・ウイルスなど危険がいっぱい
30 がんのステージって何? ●72
がんの大きさや転移状況を数値で表す
31 がんは遺伝するの? ●74
女優アンジェリーナ・ジョリーの場合
32 進むがんゲノムの解析 ●76
次世代シーケンサーを用いた治療法
33 免疫阻害剤オプジーボとは? ●78
ノーベル生理学・医学賞、本庶佑氏の発見
Column ニオイで発見するがん探知犬 ●80
第5章 いろいろあるがんの種類と原因
34 子宮の入り口にできる子宮頸がん ●82
ヒトパピローマウイルス(HPV)の感染
35 乳がんは乳腺に発症する悪性腫瘍 ●84
女性ホルモンの「エストロゲン」が関与

36 男性の罹患率第1位の肺がん 86
喫煙と受動喫煙が大きな要因
37 胃がんの原因となるピロリ菌の感染 88
感染源は飲み水や食べ物から
38 肝細胞がんと肝炎ウイルス 90
生活習慣病の予防など体調管理も必要
39 飲酒と肝臓がんとの関係 92
毒性の強い「アセトアルデヒド」がDNAを損傷
40 食道がんと逆流性食道炎の関係 94
食道粘膜の炎症ががんにつながる
41 初期症状があまりない大腸がん 96
血便、下血、貧血などの症状に注意
42 がんの中でも厄介な膵臓がん 98
早期発見が難しい悪性ながん
43 血液のがん・白血病 100
症状の進行が速い急性骨髄性白血病
44 胆のうや胆管に発症する胆道がん 102
黄疸や白色便は赤信号!
45 高齢男性に多い、前立腺がん 104
PSA値の検査で早期発見を!
46 自分でも見つけられる舌がん 106
口内炎が長く治らない場合はがんの可能性も
Column 最新医療 がんのPET検査 108

第6章 体の各臓器に発症するおもな病気と原因

47 突然死もある虚血性心疾患 110
循環器障害の狭心症と心筋梗塞の違い
48 呼吸器にみられるおもな病気 112
慢性閉塞性疾患と気管支ぜん息
49 消化管のおもな病気と症状 114
放っておくとがんになる炎症とポリープ
50 沈黙の臓器、肝臓の病気 116
原因はアルコール、ウイルス、生活習慣
51 胆のうと膵臓の病気 118
気をつけなければいけない結石
52 ホルモンを分泌する内分泌器の病気 120
甲状腺機能亢進症と低下症
53 泌尿器の病気 122
頻尿、排尿障害、血尿などを見逃さない
54 中枢神経系の病気 124
脳と脊髄を襲い障害を引きおこす
Column これからの医療 126
参考文献・編集スタッフ 127

第1章

細胞、その不思議な正体

私たちの体はとても多くの細胞からできています。
病気は細胞の異常によっておきるもの、
そこで、まずは細胞の正体を知ってもらいます。

1 ヒトの体をつくる37兆個もの細胞

細胞にも寿命があり、自殺もする

細胞とは、私たちの体をつくっている生命の最小単位で、**脂質の膜で囲まれた袋です。ヒトの体は約37兆個もの細胞が集まってできているとされ、細胞一つひとつはしっかり呼吸をして生きています。**1個の細胞が分裂することで2個以上の新しい細胞がつくられることを「**細胞分裂**」といい、この分裂の限界を寿命といいます。「すべての細胞は細胞から生まれるのです(ドイツの病理学者・ウィルヒュウの言葉)」。

その形や大きさ、寿命はまちまちで、1日で入れ替わるものから数ヵ月、数年、あるいは、心臓や脳神経細胞のように、生涯細胞分裂をしないものもあります。

細胞の中には「核」があって、同じ働きをする組織が集まり、体を維持するための機能を持つ器官をつくり、それに連携して個体を形成します。

ひとつの細胞は、「核」と「**細胞質基質**」、そしてこれらを囲む「**細胞膜**」からなります。英語で細胞のことをｃｅｌｌ《セル》(小室)といいます。平均的な大きさは直径20㎛(マイクロメートル)程度、０・０２ミリぐらいです。

細胞は病気や事故だけでなく、自らも死んでいきます。細胞の自殺行為は個体をより良い状態に保つために積極的に行われます。例えば、オタマジャクシのように、手や足が生えてくるが尻尾は消えていくのは、しっぽの細胞が自ら死んで、カエルに成長していくとされています。なんと毎分3億個近く、1日あたり３０００〜４０００億個の細胞が自殺しているといいます。重さにして約２００ｇですが、新しく生まれてくる細胞と死んでいく細胞がありますから、体重はさほど変わるものではありません[細胞の死に関しては**32**ページ参照]。

細胞は生命の最小単位

細胞の構造

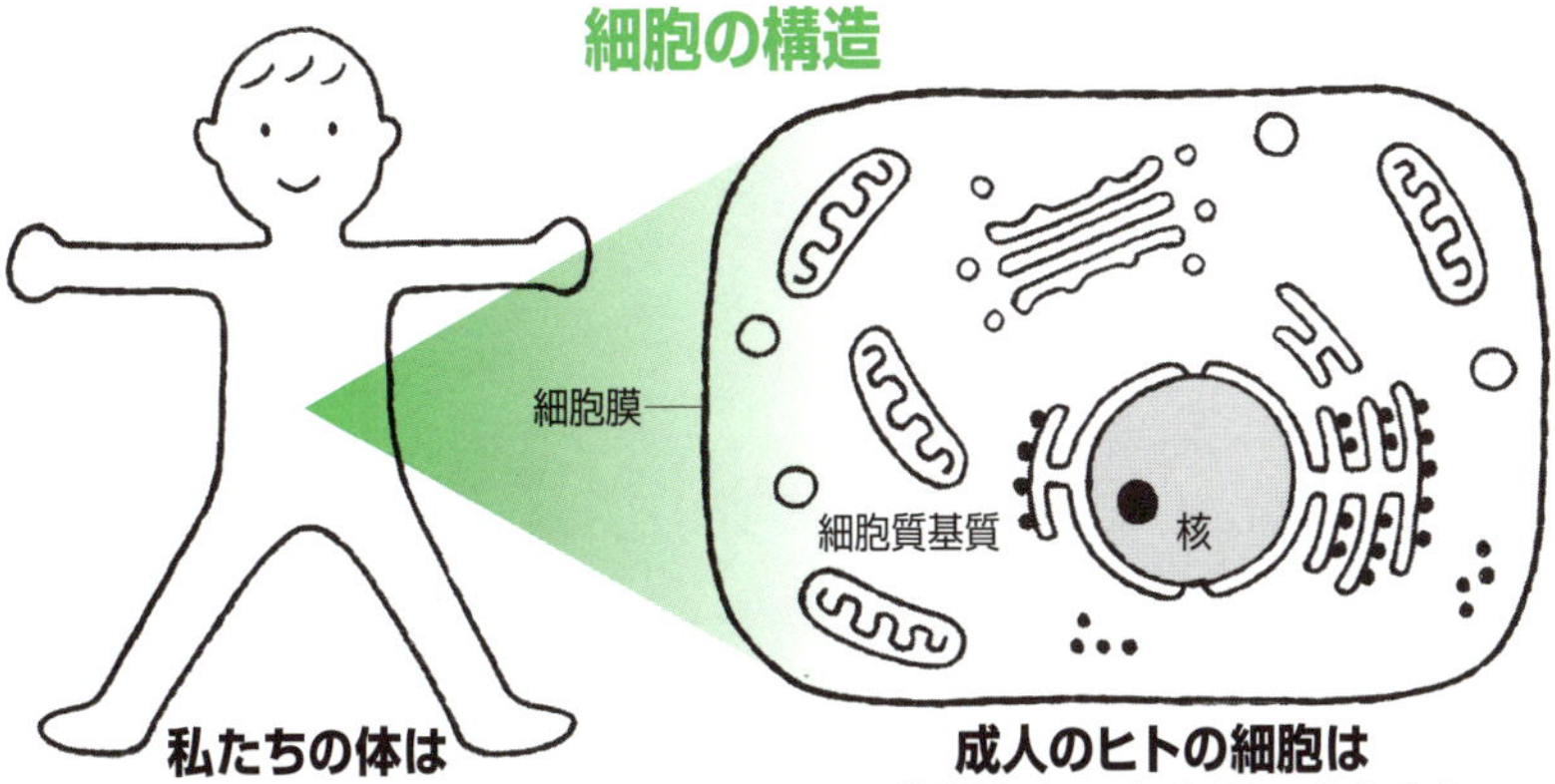

私たちの体は
約37兆個の細胞からできている。

成人のヒトの細胞は
60兆個ともいわれることもあり、
諸説があります。

細胞の自殺?

オタマジャクシの尻尾は、
成長のために死んでいく
［カエルの成長のための養分になる］。

細胞の分裂

70兆個以上になる

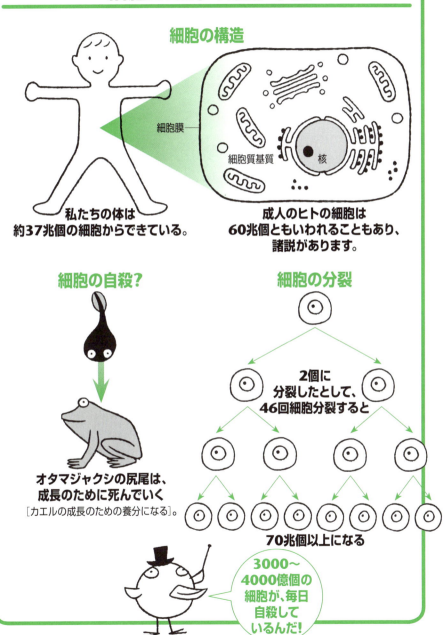

2 細胞はいろいろな顔を持っている

細胞が集まって、体の組織ができる

細胞の種類は、250~300種類といわれますが、体全部の細胞40兆個のうち、意外なのは6割以上が「赤血球」ということです。**血液細胞(血液)には、赤血球、白血球、血小板の3つがあり、**赤血球は酸素の運搬、白血球は殺菌や免疫、血小板は血液凝固という役目を担《にな》っています[詳細は3章を参照]。

赤血球は、例外的に核のない細胞で酸素を運搬するヘモグロビンを詰め込んだ小さな袋のようなものです。赤血球は完成する直前に「**脱核**」という現象で核が放り出されたのであって、もともと核がないわけではありません。血小板も核がなく、「巨核球」という骨髄の中で最大の細胞から産生されます。

このようにいろいろな組織がありますが、**同じ働きをする細胞が集まって「組織」をつくるのです。**

組織は細胞が集まって、ある機能をはたすことができる単位、あるいは構造といったほうがイメージに合うかもしれません。顕微鏡で見てようやくわかるレベルの構造です。

「筋細胞」、「神経細胞」、「脂肪細胞」などが集まって、それぞれ「筋組織」、「神経組織」、「脂肪組織」となります。上皮組織というのもあり、典型的なのは皮膚の表皮とか消化管の粘膜です。また、**組織同士をくっつけて保つ「結合組織」というのもあります。**

そして、**いろいろな組織が集まって、臓器や器官をつくります。**内臓だけでなく、「臓」の字がついていない感覚器官も臓器です。心臓、肝臓、肺臓、気管、食道、腸、胆のう、膀胱《ぼうこう》、脳、脊髄《せきずい》、筋肉など、それぞれの臓器は組織が集まってできているのです。

細胞の種類と組織

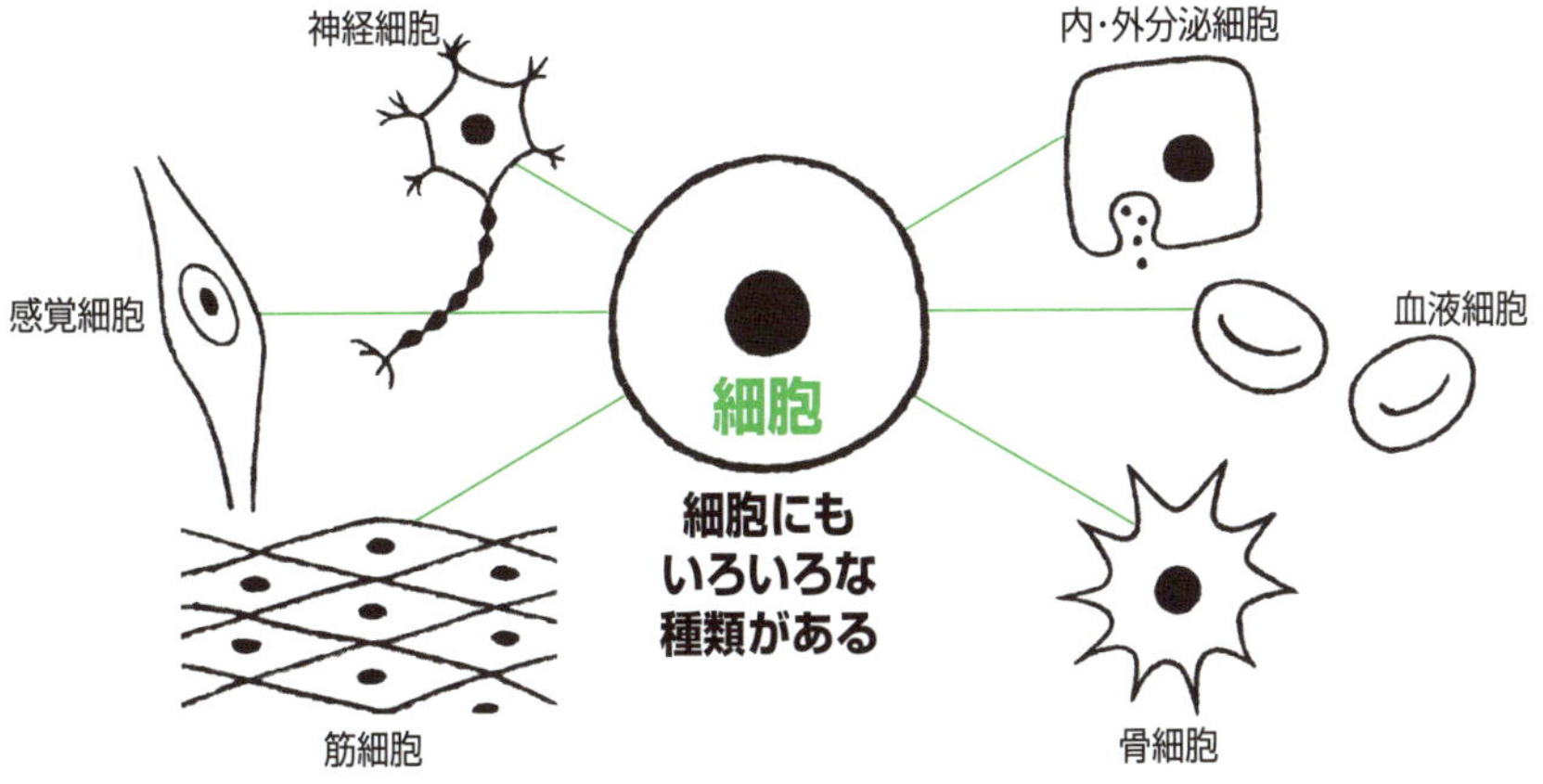

体のおもな組織

**組織とは、
同じ働きをする細胞が
結合した集合体。**

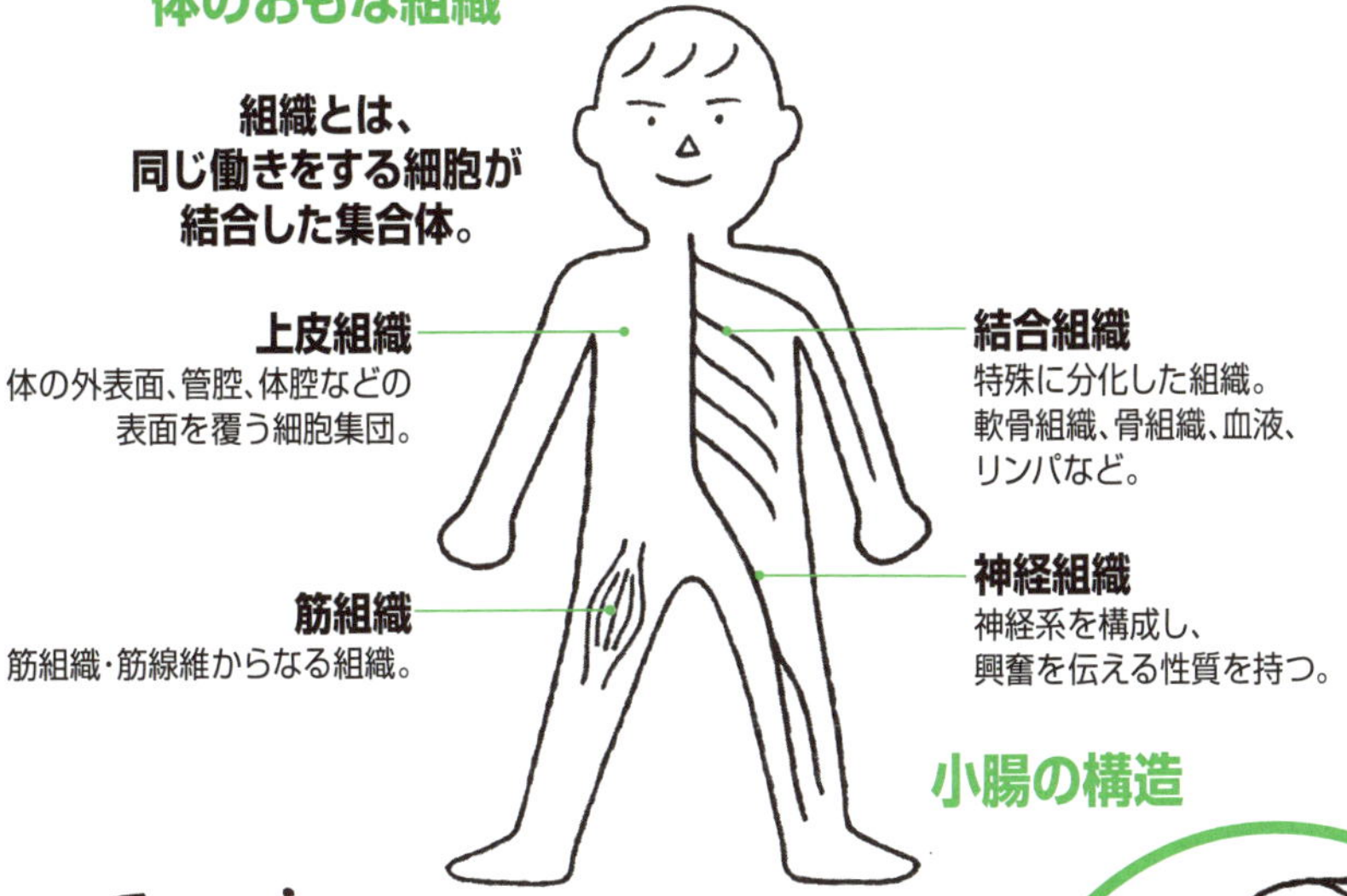

小腸の構造

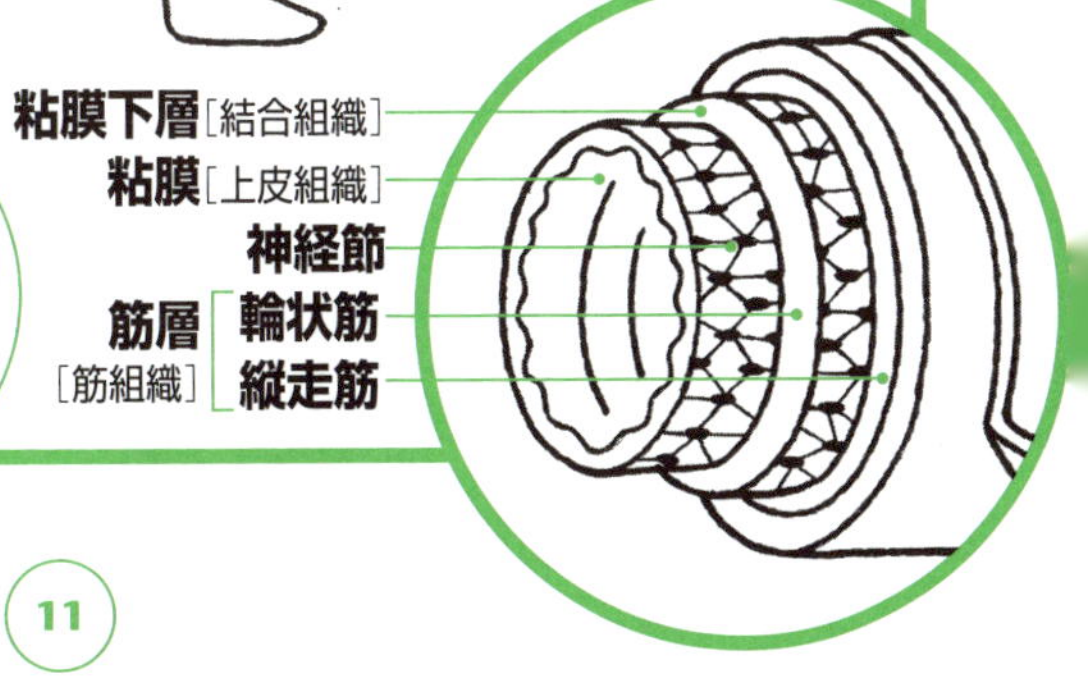

3 細胞を支える小器官たち

ミトコンドリアはエネルギーを生みだす

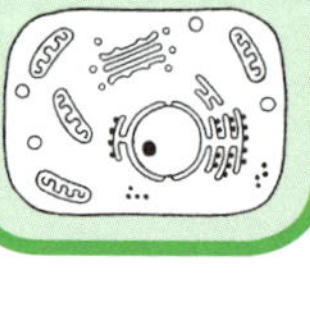

細胞をもう少し詳しくみると、原形質と呼ばれる半流動性の水分の中に粒子の大きな別の物質が溶けている「**コロイド溶液**」からなっています。**核やゴルジ体、ミトコンドリアなどのさまざまな形態や機能を持つ「細胞小器官」が存在し、これらがそれぞれの役割をはたしながら、生命を維持しています。**

核は2層になった核膜によって核以外の部分は「**細胞質**」と隔《へだ》てられ、核膜には角膜孔《かくまくこう》と呼ばれる多数の孔《あな》が開き、核と細胞質の間で物質のやりとりが行われます。細胞は固有の機能を持つさまざまな細胞小器官と、体積の約70％を占める「**細胞質基質**」と呼ばれる半透明の液体に分かれます。

細胞質に多くみられる扁平な袋状の小器官を「**小胞《しょうほう》体《たい》**」といい、表面に「**リボソーム**」というタンパク質の顆粒《かりゅう》がついた「**粗面《そめん》小胞体**」と、表面がつるつるした「**滑面《かつめん》小胞体**」の2種類があります。「**ゴルジ体**」は、細胞外へ分泌されるタンパク質に糖を追加したり、細胞内の不要物を消化する「**リソソーム**」を合成したりします［これらの小器官の詳細は14ページ参照］。

「**ミトコンドリア**」では、**糖や脂肪と酸素から細胞の活動に必要なエネルギーである「ATP（アデノシン三リン酸）」を産生します。**各細胞内に数百個存在し、特に細胞内で大量のエネルギーを使う筋細胞や肝細胞などには多く、数千個存在するといわれています。

「**細胞膜**」は、細胞全体を包む、厚さ約10nm（ナノメートル／100万分の1mm）という非常に薄い膜です。通常、2層になっており、これにより細胞内の環境を一定に保ち、不要な物質の進入を阻止する働きがあります。

細胞を支える小器官たち

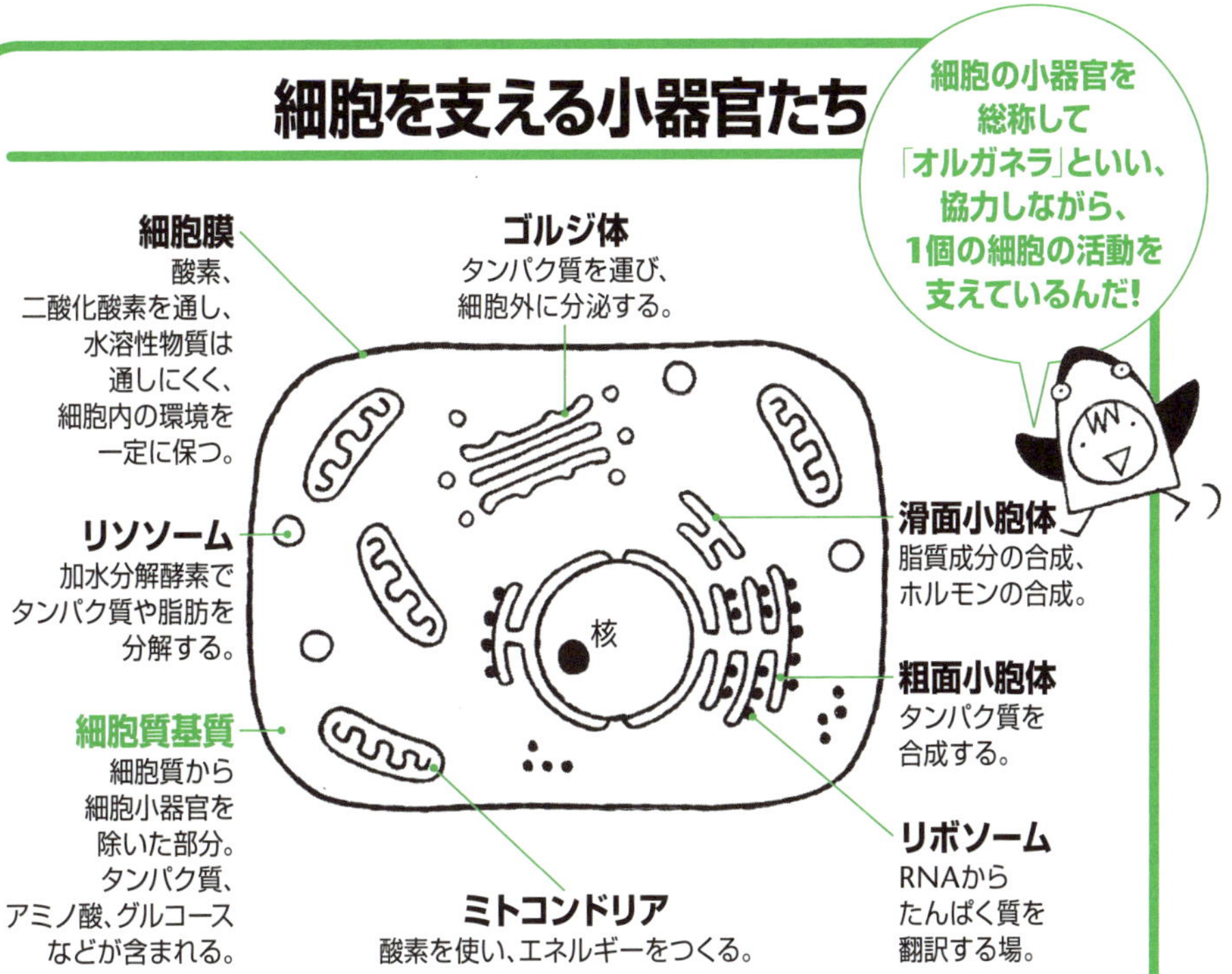
細胞の小器官を総称して「オルガネラ」といい、協力しながら、1個の細胞の活動を支えているんだ!
細胞膜
酸素、二酸化酸素を通し、水溶性物質は通しにくく、細胞内の環境を一定に保つ。
ゴルジ体
タンパク質を運び、細胞外に分泌する。
リソソーム
加水分解酵素でタンパク質や脂肪を分解する。
滑面小胞体
脂質成分の合成、ホルモンの合成。
核
粗面小胞体
タンパク質を合成する。
細胞質基質
細胞質から細胞小器官を除いた部分。タンパク質、アミノ酸、グルコースなどが含まれる。
リボソーム
RNAからたんぱく質を翻訳する場。
ミトコンドリア
酸素を使い、エネルギーをつくる。

ミトコンドリアはエネルギー「ATP」を生みだす

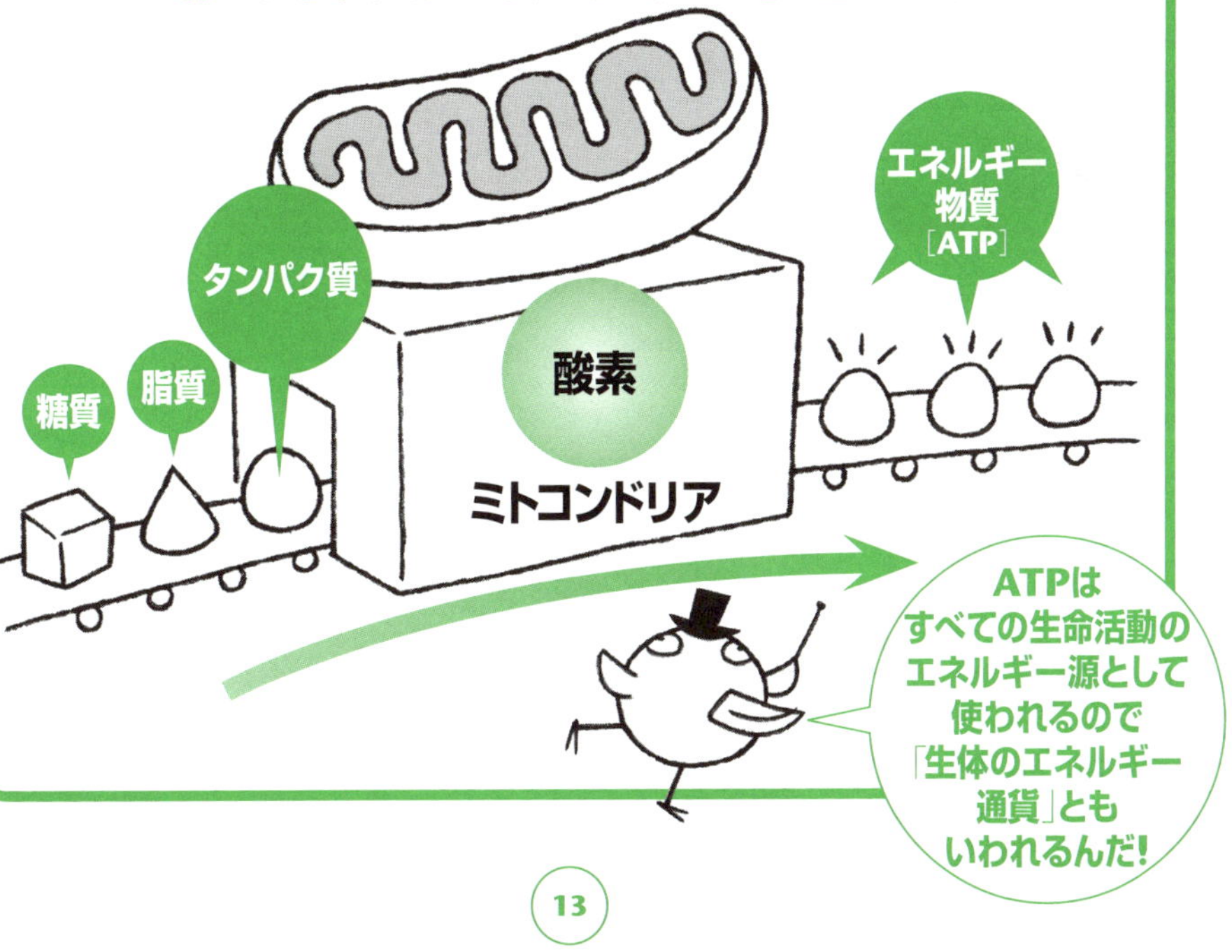
糖質
脂質
タンパク質
酸素
ミトコンドリア
エネルギー物質[ATP]
ATPはすべての生命活動のエネルギー源として使われるので「生体のエネルギー通貨」ともいわれるんだ!

4 ユニークな細胞小器官の働き

小胞体、ゴルジ体、リボソーム、リソソーム

私たちの体はたくさんの細胞で成り立っている「多細胞体」です。**細胞はその特徴から、核を持った細胞「真核細胞《しんかくさいぼう》」と、核のない「原核細胞《げんかくさいぼう》」に分けられます。**原核細胞からなる原核生物は核がないだけではなく、真核細胞からなる真核生物よりも小さく、細胞小器官があまりない「単細胞生物」です。

しかし、真核生物にも酵母のような単細胞生物がいます。原核細胞が先にでき、単細胞性の真核生物、そして、多細胞性の真核生物、という順番に進化してきたのです。この真核細胞の中で前項で説明できなかった細胞小器官を改めて少し詳しく紹介します。

❶「**小胞体**」は扁平な袋状の膜構造が幾重にも折り重なった構造をしており、膜の表面にリボソーム粒子を持つものを「粗面小胞体」といい、合成されたタンパク質などの輸送通路です。持たないものを「滑面小胞体」といい、ホルモンなどを合成します。❷「**ゴルジ体**」は発見者の名前をとって名づけられました。5、6枚積み重なった扁平な「のう」とその周辺に付随する小胞からなっています。小胞体から来たタンパク質を濃縮し、細胞外に分泌すると考えられています。

❸「**リボソーム**」はあらゆる生物の細胞内に存在する小器官です。遺伝情報を読み取ってタンパク質へと変換する、いわば「翻訳《ほんやく》［18ページ参照］」が行われる場です。

❹「**リソソーム**」は水解小体《すいかいしょうたい》とも呼ばれ、細胞内消化を行うところです。加水分解酵素を持ち、膜内に取り込まれた生体高分子はここで加水分解されます。分解された物体のうち、有用なものは細胞質に吸収されていき、不用物は大部分細胞外に廃棄されます。

真核細胞の小器官たち

原核細胞

細菌のように、細胞内に核を持たない細胞。

真核細胞

核膜で囲まれた核を持つ細胞。細菌とラン藻以外の生物の細胞。

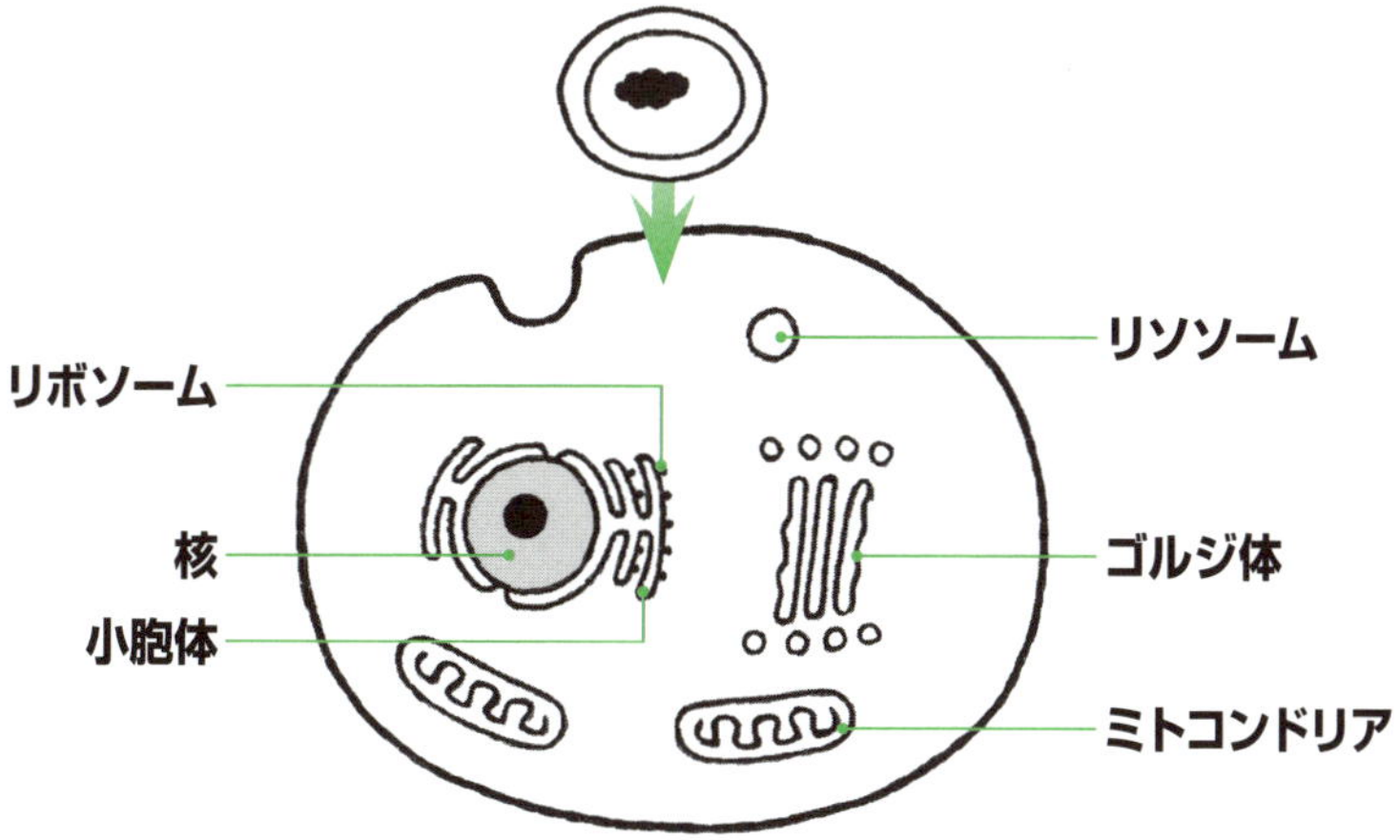

細胞小器官

❶小胞体

合成されたタンパク質の輸送通路。

❷ゴルジ体

タンパク質を細胞外へ分泌する。

細胞小器官はラテン語で「オルガネラ」とも呼ばれている

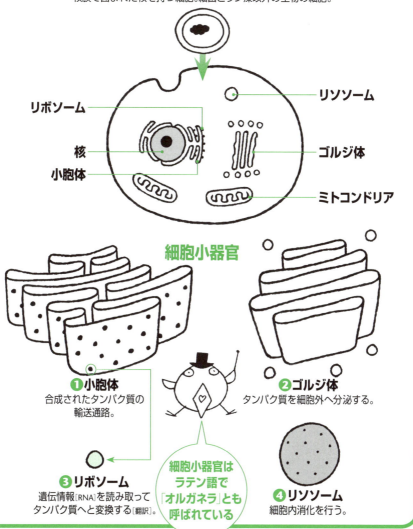

❸リボソーム

遺伝情報[RNA]を読み取ってタンパク質へと変換する[翻訳]。

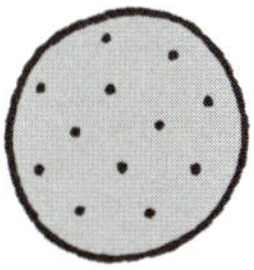

❹リソソーム

細胞内消化を行う。

5 生命の設計図といわれるDNA

4種類の物質が遺伝情報を左右する

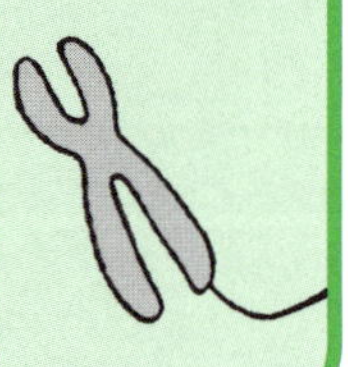

細胞の核内にある染色体の中には、人の外見や脳の働き、寿命などに影響を与える遺伝子が入っており、さまざまな遺伝情報を親から子へと伝えます。

遺伝情報は染色体の「**DNA**」に蓄《たくわ》えられています。**A(アデニン)、C(シトシン)、G(グアニン)、T(チミン)という4種類の塩基《えんき》がずらっとつながっているのがDNAです。**この4種類の塩基によって組み立てられ、さまざまな配列によって、一人ひとりがそれぞれ異なる遺伝情報を有しており、「**生命の設計図**」ともいわれます。

DNAは「deoxyribonucleic acid」の略で、「デオキシリボースという糖を含む酸性を示す物質」という意味から「デオキシリボ核酸」と呼ばれます。

DNAは2本の鎖《くさり》(二重らせん構造)になっているのですが、この2本鎖には重要なルールがあります。それは、AとT、CとGがペア、対《つい》をつくっているということです。人の体は1個の受精卵から始まり、分裂を繰り返して37兆個もの細胞となって構成されます。受精卵を内包しているDNAは、細胞分裂のたびに複製を行い、同一の遺伝情報を伝えます。

このときに重要な役割をはたすのが、二重らせん構造です。DNAのそれぞれの鎖には方向があり、2本は逆の方向を向いて対向し、二重のらせん構造をとっています。**この構造によって、分裂のときに片方を保存用に、一方を複製するための転写用にして、まれにおこる遺伝情報を正確に保存し、遺伝情報の損傷の修復にも役立てることができるのです。**人には30億の塩基対がありますが、遺伝情報を伝えるのはその中のおよそ2%といわれています。

DNAの二重らせん構造

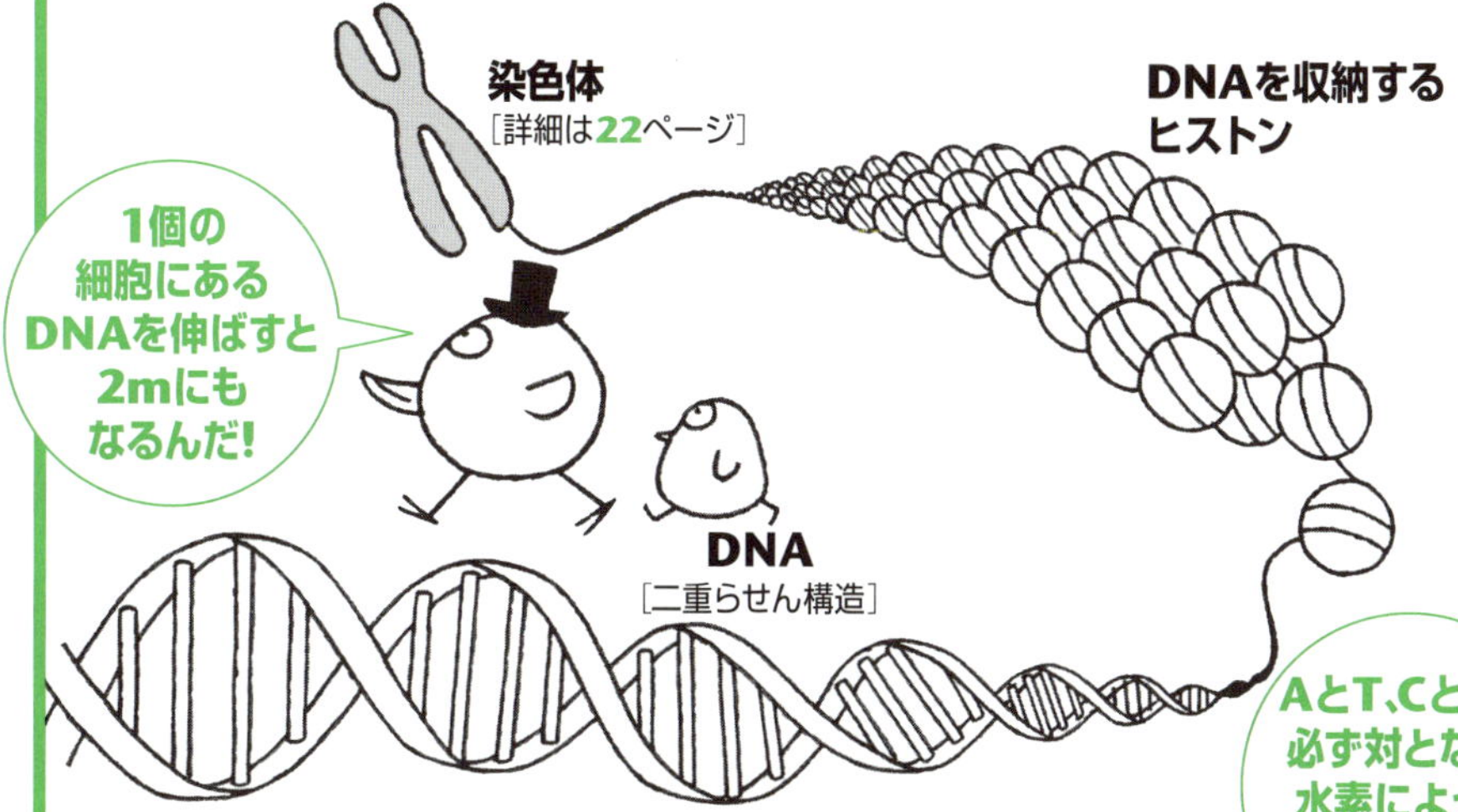

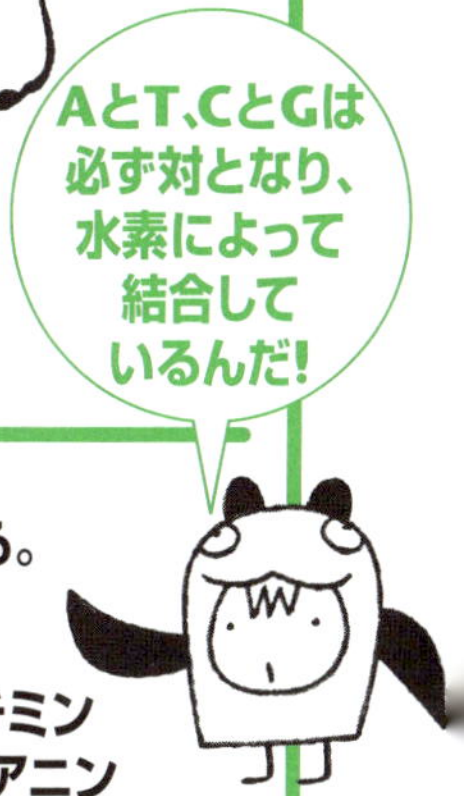

生命の設計図とは

4種類の塩基配列やその組み合わせが、遺伝情報を決める。

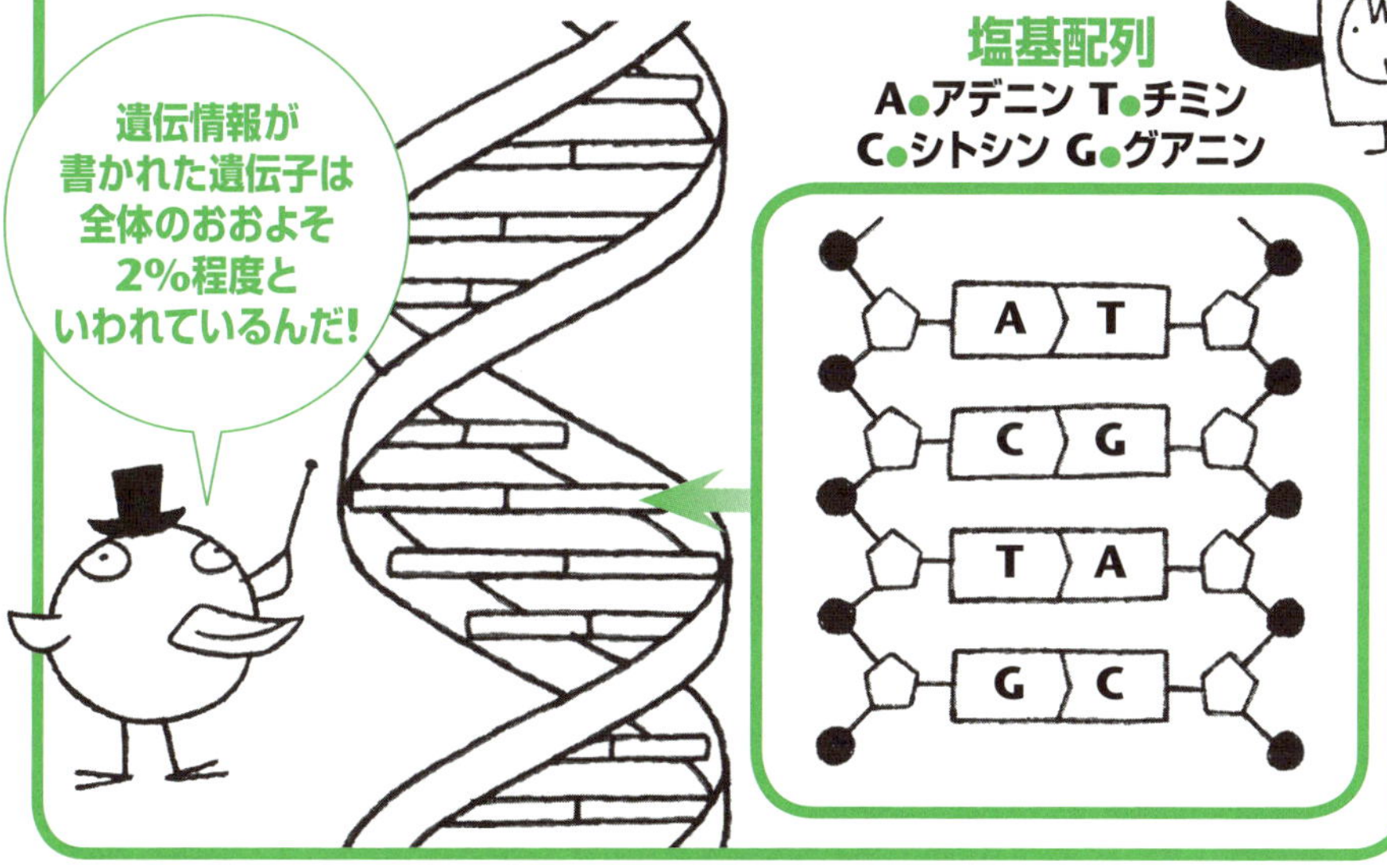

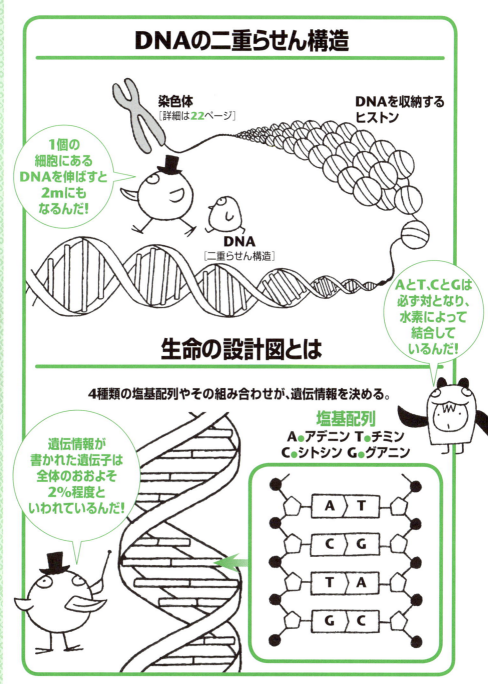

6 セントラルドグマって何？

転写、翻訳の順でDNA情報が解読される

ＤＮＡ（デオキシリボ核酸）は遺伝情報を持っていますが、ＤＮＡそのものが何らかの機能を持っているわけではありません。情報はタンパク質を介して発揮されます。１９５８年、ＤＮＡの二重らせん構造を発見した科学者フランシス・クリックによって、「**セントラルドグマ**」という分子生物学の基本原則が提唱されました。**生物の遺伝情報は、「DNA→(転写)→mRNA→(翻訳)→タンパク質」の順に情報が伝達されるというものです。**この概念は細菌から人まで、原核生物・真核生物の両方に共通する中心（セントラル）となる教義（ドグマ）なので、分子生物学の中心教義という意味で「セントラルドグマ」と呼んでいます。**DNAは生物の遺伝情報を記録し、RNA（リボ核酸）は新しく体をつくるときに、遺伝子情報を運んだり指示をしたりする役割を持ちます。**ＤＮＡの遺伝情報は「ｍＲＮＡ（messenger RNA）」に写され、ｍＲＮＡはメッセンジャーＤＮＡともいわれます。

ＤＮＡの情報をｍＲＮＡに写すことを「**転写**」といいますが、転写は核の中で行われ、情報を持ったｍＲＮＡは核から細胞質に抜け出し、リボソームへ移動し「**翻訳**」が行われます。**翻訳とは、mRNAの情報を解読して、リボソーム内でタンパク質を合成することです。**タンパク質の材料はアミノ酸なので、アミノ酸をリボソームへ運ばなければなりませんが、その役割は運搬ＲＮＡとも呼ばれる「**tRNA（transfer RNA）**」が担います。ＤＮＡから転写されたｍＲＮＡは「**スプライシング（遺伝情報から不要部分を取る作業）**」という過程を経て成熟したｍＲＮＡになります。

スプライシングって！

DNAの遺伝情報がコードされている部分を「エクソン」、情報がコードされていない部分を「イントロン」といいます。DNAから写し取った遺伝情報の中から、不要な部分イントロンを除去し、成熟したmRNAにする。この分子的作業をスプライシングという。

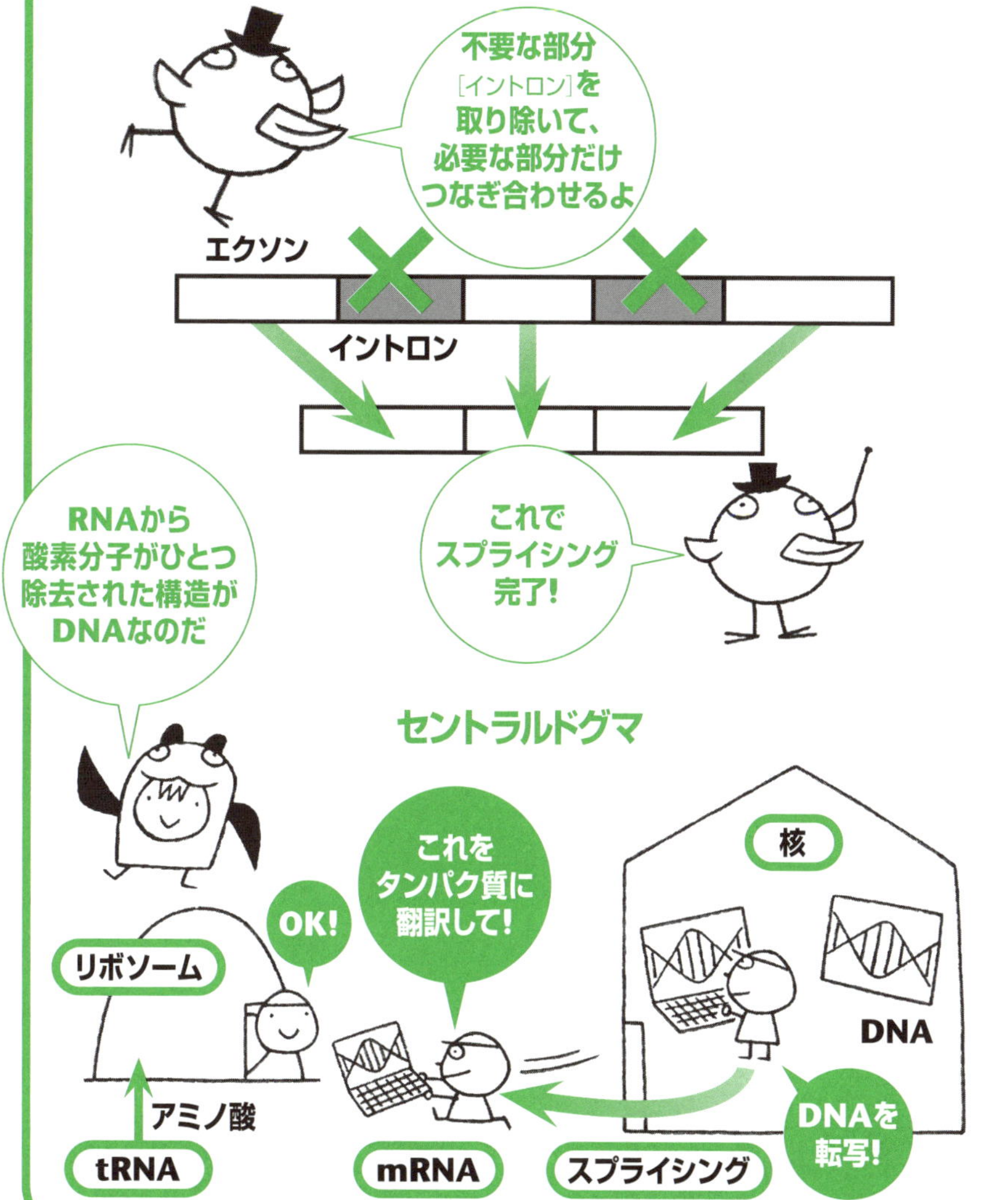

7

遺伝子とDNAはどう違う？

記録媒体の名前と書きこまれた情報

ＤＮＡと遺伝子は、その持つ意味がまったく違います。これまで述べてきた通り、ＤＮＡというのはあくまでも物質名であり、遺伝子というのはどちらかというと概念的なものです。

辞典などで遺伝子を調べると、「遺伝形質を発現《はつげん》させる」という独特の表現がよく使われていますが、これは「遺伝情報に基づいてタンパクが産生される」という意味とほぼ同じです。

簡単にいえば、**遺伝子は「どのアミノ酸をどのような順番で並べるのか」という塩基配列にコードされる遺伝情報なのです。**タンパク質はアミノ酸という分子が鎖状につながった物質で、真核生物では全部で21種類（人では20種類）のアミノ酸の並び順によってタンパク質の性質が決まります。

DNAは物質の名前であり、記録媒体の名前です。そこに書き込まれている情報のことを遺伝子というのです。遺伝子というのは、これまでも述べてきたように、ＤＮＡ（デオキシリボ核酸）という物質に刻まれた生命の設計情報なのです。

よくいわれる例に本が挙げられます。ＤＮＡは遺伝子情報を保持している物質本体、つまり本の紙となります。紙の上にはインクでプリントされた文字が並べられ、文章となってひとつの情報が伝えられます。

文字は4つの塩基（C・G、A・T）で、その並び順でいろいろな情報（遺伝情報）が記録されるのです。

ちなみに、次項で解説します、「染色体」は一冊の本そのもので、「ゲノム」とは46冊が並べられている本棚になります［22ページ参照］。

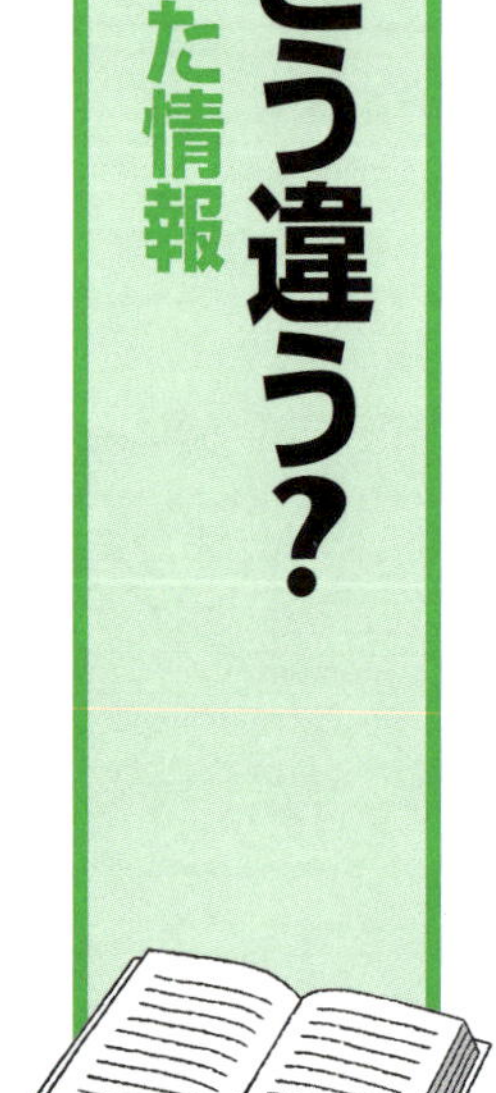

DNAと遺伝子の違いとは?

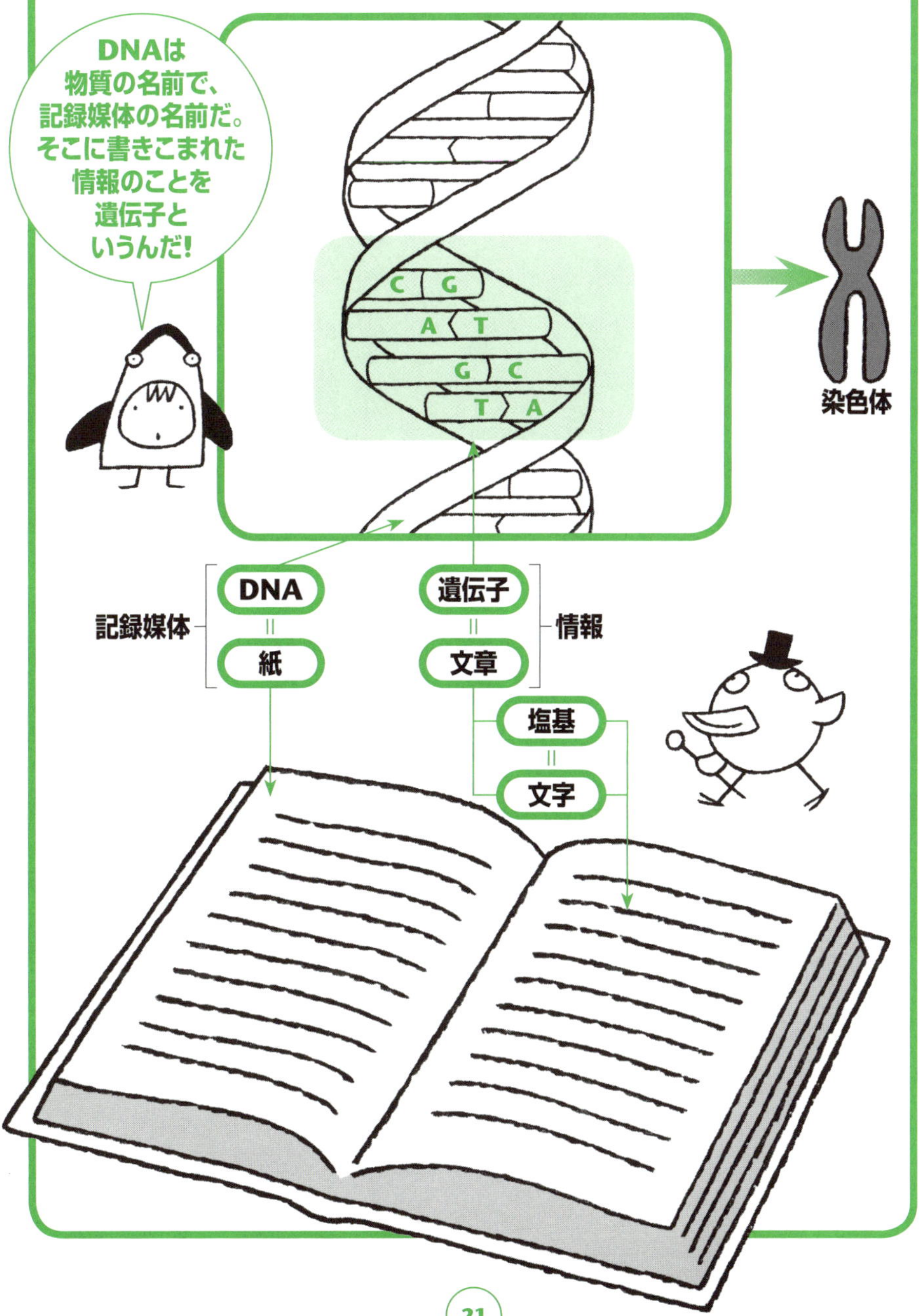

8 体細胞には46本の染色体がある

染色体とゲノムの関係

染色体は「遺伝情報の発現と伝達を担う生体物質」です。塩基性色素（ヘマトキシリンなど）でよく染色されることから染色体と名づけられました。DNAがヒストンと呼ばれるタンパク質に巻きついて、糸状に折りたたまれ凝縮したものが染色体としてそれぞれの細胞の中に収納されています［17ページ参照］。つまり、染色体はDNAとタンパク質からなる構造物といえます。この構造でDNAは破壊されにくくなります。

体細胞（生殖細胞以外）には23対（46本）の染色体があり、大きさの順に1～22番までの番号が振られ区別します。そのうち22番までを「**常染色体**」といい、23番目の染色体は「**性染色体**」といい、男性はXY、女性はXXの染色体を持ちます。男女とも、46本のうち半数の23本は母親から、半数の23本は父親から受け継ぎますが、男女の性別の違いは性染色体の組み合わせによって決まります。次に、「**ゲノム**」とは遺伝子の「gene」、染色体の「chromosome」を合成した言葉で、「**その生物が生きていくために必要不可欠な遺伝情報の収められた、染色体の1セット**」と定義されています。

人のゲノムを「**ヒトゲノム**」といい、2003年にヒトゲノムのDNAを構成する30億塩基対（染色体23本分）の配列の基本情報を解読し、その働きが明らかになりました。ただ、実際には母親と父親から1セットずつ受け継ぐので、60億塩基対となるのですが、父親の1番目と母親の1番目の染色体が持つ情報が、多少異なるものの大きな違いはみられません。そこで「ヒトゲノム」というときは1セットのゲノムに含まれている情報をいい、30億塩基対といわれるのです。

ゲノムって
［Genome］

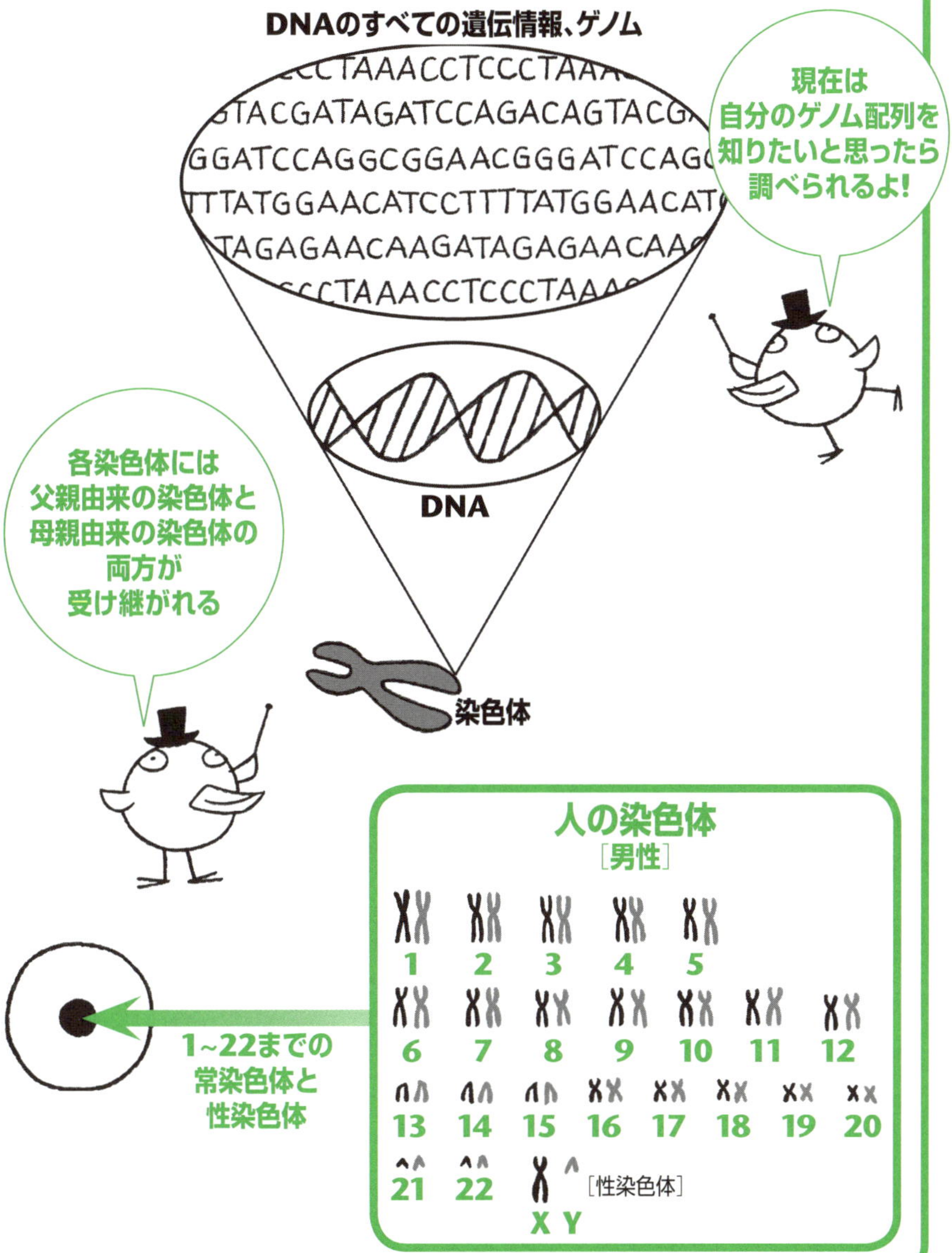
DNAのすべての遺伝情報、ゲノム
CCTAAACCTCCCTAAA
TACGATAGATCCAGACAGTACG
GGATCCAGGCGGAACGGGATCCAGG
TTTATGGAACATCCTTTTATGGAACAT
TAGAGAACAAGATAGAGAACAA
CCTAAACCTCCCTAAA
現在は
自分のゲノム配列を
知りたいと思ったら
調べられるよ！
DNA
各染色体には
父親由来の染色体と
母親由来の染色体の
両方が
受け継がれる
染色体
人の染色体
［男性］
1 2 3 4 5
6 7 8 9 10 11 12
13 14 15 16 17 18 19 20
21 22
［性染色体］
X Y
1~22までの
常染色体と
性染色体

9 母性遺伝のミトコンドリアDNA
女系の祖先はミトコンドリア・イヴ?

ミトコンドリアは、細胞の核以外に存在する唯一のDNAという特殊な機能を持っています。

このDNAを「**ミトコンドリアDNA（mtDNA）**」といい、核DNAに比べ数が多く数百から数千個あり、らせん構造ではなく環状になっています。

ミトコンドリアが人が生きるためのエネルギー源となるATPという物質をつくる働きをしていることは前述しました［12ページ参照］。

通常の遺伝子は父母両方の性質を受け継いでいるのに対して、**ミトコンドリアDNAは母親からの性質（X染色体）だけしか伝えません。**この遺伝は「**母性遺伝**」と呼ばれています。そこで、現人類の母系祖先を遡《さかのぼ》っていったとき、約20万年前にアフリカに共通するひとりの共通女系祖先「**ミトコンドリア・イヴ**」にたどりついたという衝撃的な説が発表されました。しかし、同時代にはほかにも多くの女性が存在しており、たまたま現代人はイヴの遺伝子を受け継いでいただけで人類がその女性だけから始まったわけではありません。

一方、ミトコンドリアDNAは父性をたどることができないので、人類の系統をたどるのに学問的に不十分で、父系の系統をたどれるY染色体でも同様な研究が行われ、約8万年前に存在した「**Y染色体アダム**」と呼ばれる共通の男性にたどりつきました。

このY染色体はヒトゲノムの中で一番奇妙な染色体で、今までは、性別を男に決定する以外は、遺伝子的にガラクタの存在のようだと考えられてきましたが、精子をつくりだす際に大事な役割をはたすなど、真のY染色体の姿も徐々にわかり始めてきました。

ミトコンドリア内にあるmtDNA

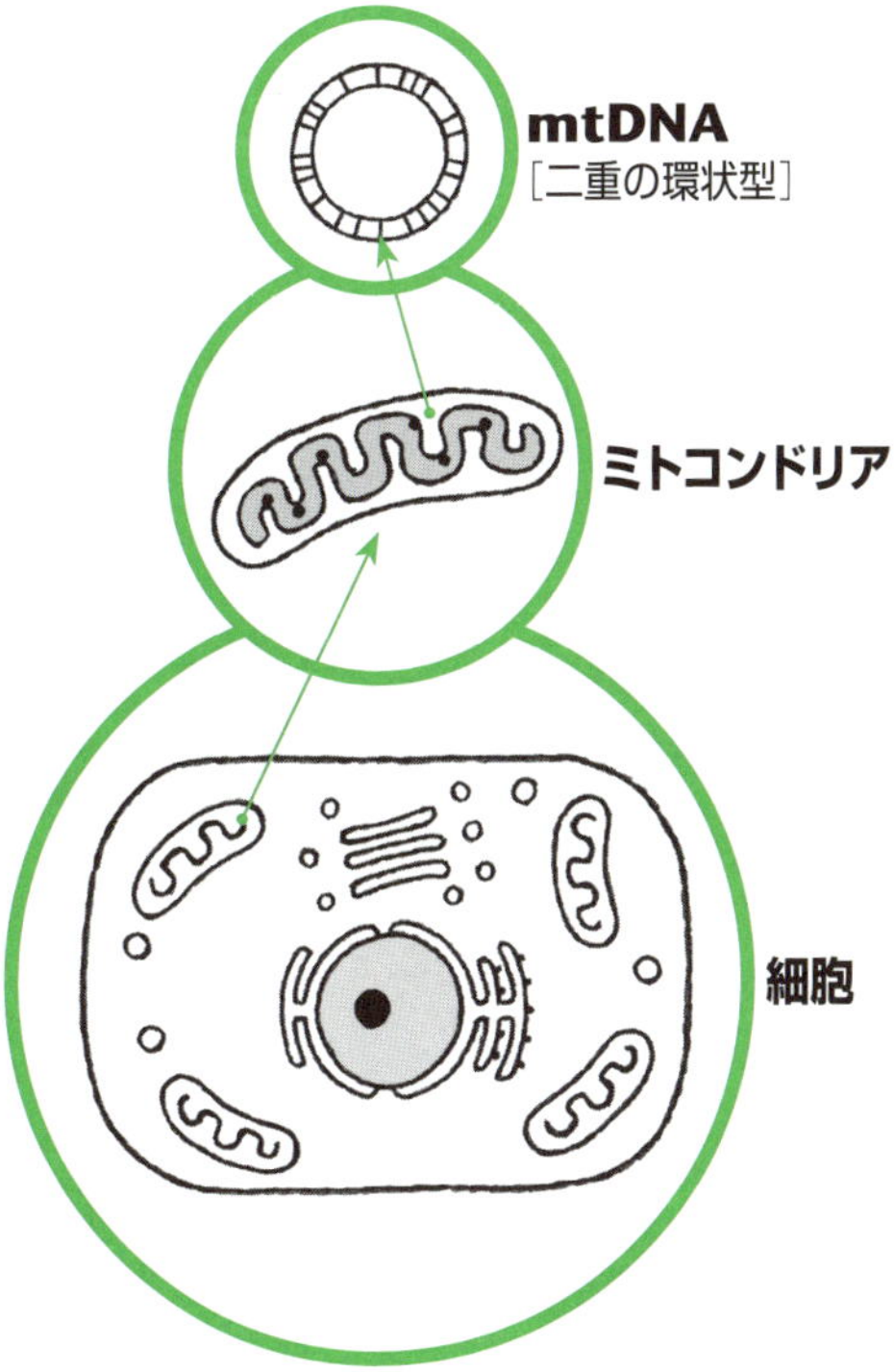

母性遺伝とは

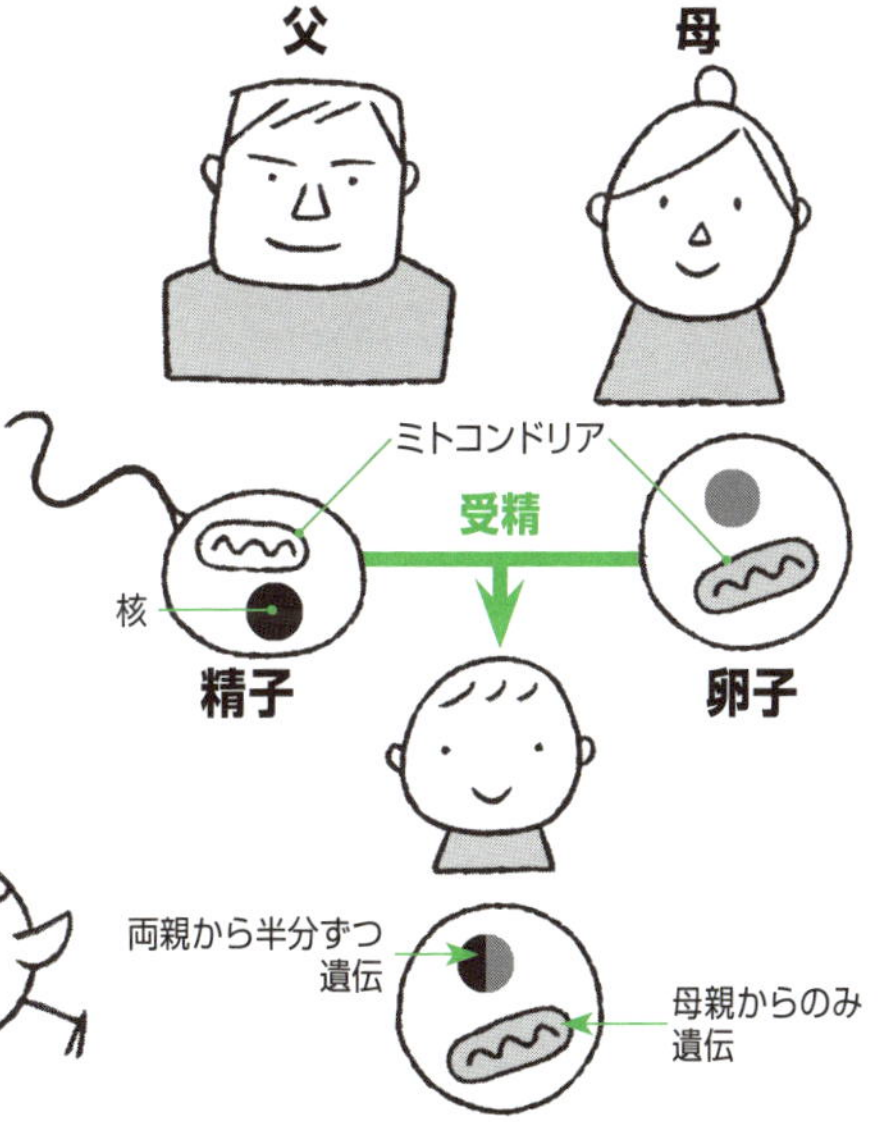

10 遺伝子が関与する疾患

染色体や遺伝子の変異によっておこる

両親から受け継いだ遺伝子が変異し、発症に関与している疾患を「**遺伝病**」といいます。生まれたときからすでにみられる疾患を「**先天性疾患**」といいますが、遺伝によらない先天性疾患や、先天性疾患の形をとらない遺伝病もあります。

「**伴性**《ばんせい》**遺伝病**(**伴性劣性遺伝**)」は、**X性染色体にある遺伝子の異常によっておこる病気で、この遺伝子を伴性遺伝子といいます。** X連鎖遺伝病ともいわれ、異常者は女性(XX)よりも男性(XY)に、はるかに多くみられます。母親が患者の場合は、男児はすべて患者になります[左ページイラスト参照]が、女性はX染色体が2本ありますので、その中の1本が正常の遺伝子を持っていれば、見かけは正常となります(保因者)。

伴性遺伝病に「**赤緑色盲**《せきりょくしきもう》」がありますが、網膜の錐《すい》体《たい》細胞の機能不全によって赤と緑の色覚異常を生じる疾患で、日本人に多くみられます。

また「**血友病**」は、血液を固める血液凝固因子が生まれつき欠乏・低下している病気です。血液凝固因子は、怪我などで血管壁が破れて出血した際、止血する役割を担う物質です。

染色体数の増減、構造の異常による「**染色体異常症**」**による**「**ダウン症候群**」は、ダウンによって命名された疾患で、精神発達や発育が障害され、特異な顔貌《がんぼう》や心疾患などの合併症もみられます。

多数の環境要因と遺伝要因がある域をこえたときにはじめて異常を発現する「**多因子型遺伝病**」**には次の疾患があります。**

「**糖尿病**」はインシュリン不足による代謝障害で、多因性の疾患であり、生活習慣病でもあります。

また、「**痛風**」は、核酸が代謝されて最終的に尿酸として尿中に排泄されるところ、尿酸の過剰産生や腎機能障害のために尿中への尿酸排泄が不十分で、足の親指のつけ根に疼痛《とうつう》がおこり、腎機能が低下します。原因として、肉食過多、悪性腫瘍による細胞崩壊などがあります。

他にも、「**尿路結石**」は腎臓から尿道までに、尿の成分中のカルシウムなどが結晶化するもので、遺伝性の関与があると考えられています。

遺伝子が関与する疾患

伴性遺伝病
- 赤緑色盲
- 血友病

染色体異常症
- ダウン症候群
- ターナー症候群
- 半陽陰

多因子型遺伝病
- 生活習慣病［高血圧］
- 糖尿病
- 痛風
- 結石［尿路結石など］
- 統合失調症
- 先天奇形［口蓋裂・斜視など］
- 悪性腫瘍

血友病の原因と遺伝例

正常な場合

血液を凝固させるタンパク質「フィブリン」

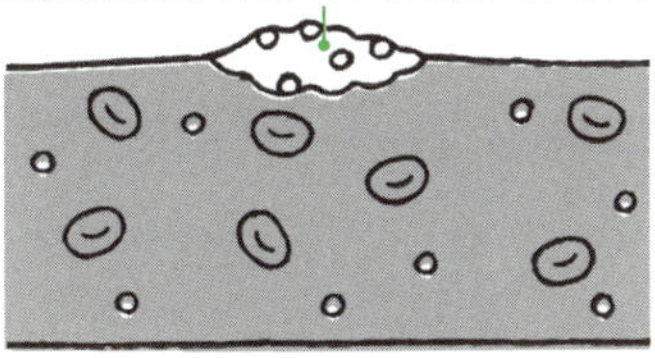

血友病の場合

血液凝固因子が不足か欠乏し、フィブリンがつくれず、止血ができない

血友病の遺伝パターン

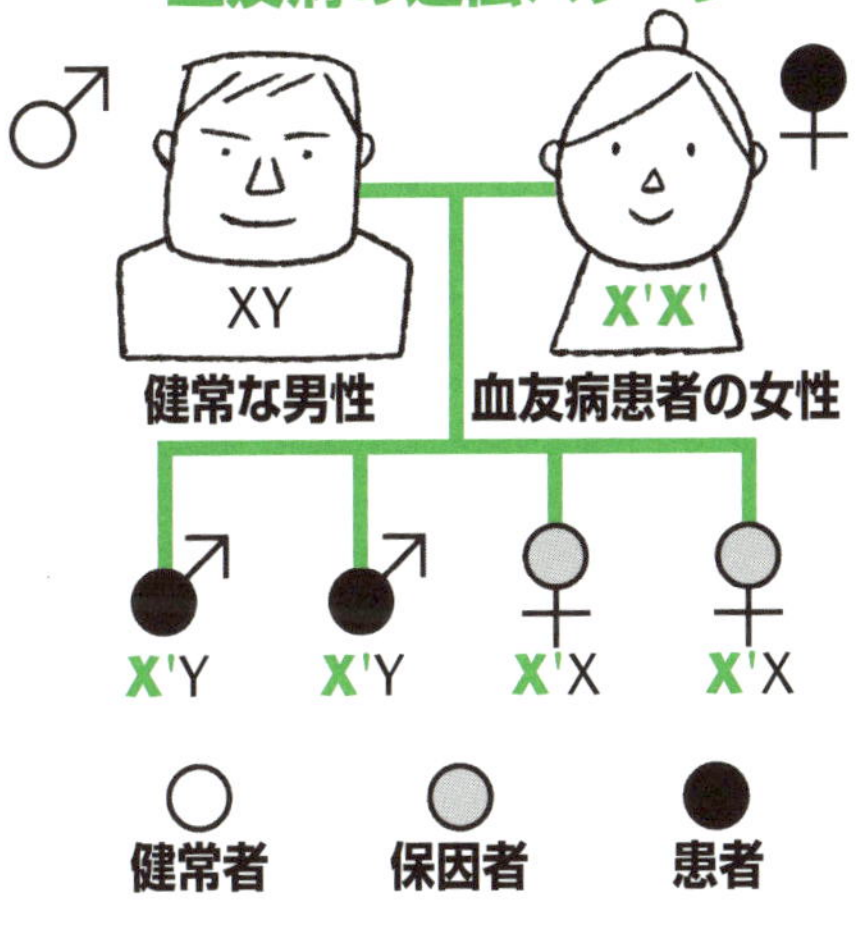

母親が保因者の場合の男子は、健常者と患者の両方の可能性がある。

Column

病理学とは、どんな学問？

病理学とは、病気の原因とメカニズムを究明する学問です。なぜその病気が発生したか、その原因を探《さぐ》り、その病気になった人の体に生じている変化がどのようなものかという研究をし、究極的には有効な病気の予防、治療に貢献することを目的としています。ですから、病理医は頭のてっぺんから足のつま先まで、体のすべての臓器や組織が守備範囲となります。

病理学の学問体系は、「形態学」を基盤としています。形態学とは、形の違いをよく観察し、形からものごとを考える学問のことです。つまり、肉眼で所見し、正常とどう違うかを見きわめることが重要なのです。それは19世紀に顕微鏡が発明されることで、飛躍的に進歩を遂げます。しかし、肉眼所見も顕微鏡で見るミクロの像以上に重要なことは変わりません。

小説『白い巨塔』（山崎豊子著）に登場する病理学者の大河内教授が、「医学というものは、病理から出て病理に帰するものだよ」と言います。

病理学は、基礎医学でもあり、臨床医学へ橋渡しをする学問であることを言いたいのでしょう。

病理診断は最終診断でもあるため、病理医は臨床医にとって、「Drs doctor（ドクターズ・ドクター）」といわれるゆえんでもあります。

第2章

変身し、闘う細胞たちの驚くべき能力

細胞はいろいろな損傷にあったとき、
変身して適応して闘い、私たちの体を守ります。
そのすごい能力を検証します。

11 細胞は生きるためには姿を変える

肥大、過形成、萎縮、化生のしくみ

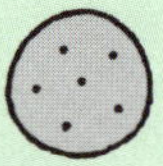

細胞は、体に刺激や損傷があると、大きくなったり、増えたり、小さくなったり、時には姿を変えて、なんとか頑張って生き抜いています。

そのような細胞の適応現象はいろいろあります。

筋肉の細胞は分裂することができません。ところが、筋トレをすると骨格筋や筋肉が大きくなります。これは細胞の数が増えるのではなく、細胞のサイズが大きくなることによって筋肉が大きくなっているのです。**このように細胞が大きくなる現象を「肥大《ひだい》」と呼びます。**

一方、妊娠しておっぱいが大きくなるのは、乳腺《にゅうせん》の細胞がホルモンの影響で分裂して細胞数が増えた結果として大きくなるのであって、個々の細胞が大きくなるのではありません。**これは形成がすぎるという意味で「過形成《かけいせい》」と呼ばれます。**

この2つの例は、どちらも病気ではありませんから、「生理的肥大」「生理的過形成」といい、病気によって生じる状態は、「病理的」という言い方をします。

例えば、高血圧の人は心臓に圧がかかって心筋細胞が肥大します。心臓が病的な状態にさらされているので、心筋細胞が肥大することで機能を代償してくれているのです。これを「**病理的肥大**（心臓肥大）」といいます。

「萎縮《いしゅく》」は逆に細胞が小さくなることです。結果として臓器が小さくなる場合は「臓器萎縮」といいます。

長期の安静や運動不足によって筋肉は痩《や》せてきます。このような萎縮を「**廃用《はいよう》萎縮**（筋萎縮・骨萎縮）」といい、老化に伴う萎縮は「**生理的萎縮**」で「老人性萎縮」ともいわれます。

ほかにも、「栄養障害萎縮」「圧迫萎縮」「神経性萎縮」などがあります。どのように細胞が萎縮するかというと、細胞内小器官を消化しながら小さくなっていきます。つまり、**ただ小さくなるだけでなく、自分の一部を食べてエネルギーにしながら、窮乏《きゅうぼう》状態に耐えるようになっていくのです。これを、「オートファジー（自食作用）」と呼んでいます。2016年、大隅良《おおすみよし》典《のり》博士は「オートファジーのしくみの解明」により、ノーベル生理学・医学賞を受賞しました。**

さらに、**「化生《かせい》」という、細胞が後天的に質的変化をするものがあります。**代表例は、気管の内腔の円柱上皮という一層の細胞が喫煙によって、重層扁平《へんぺい》上皮という何層にも重なった細胞に変身する現象です。

状況に応じていろいろな方法で変身する細胞ですが、その原因となる刺激がなくなれば、元どおりに戻るから驚きです。

オートファジーとは?

ギリシャ語のオート［自分］と
ファジー［食べる］⇒自食作用
細胞が飢餓状態になったとき、
不要なタンパク質を分解し、再利用する。

オートファジーのしくみ

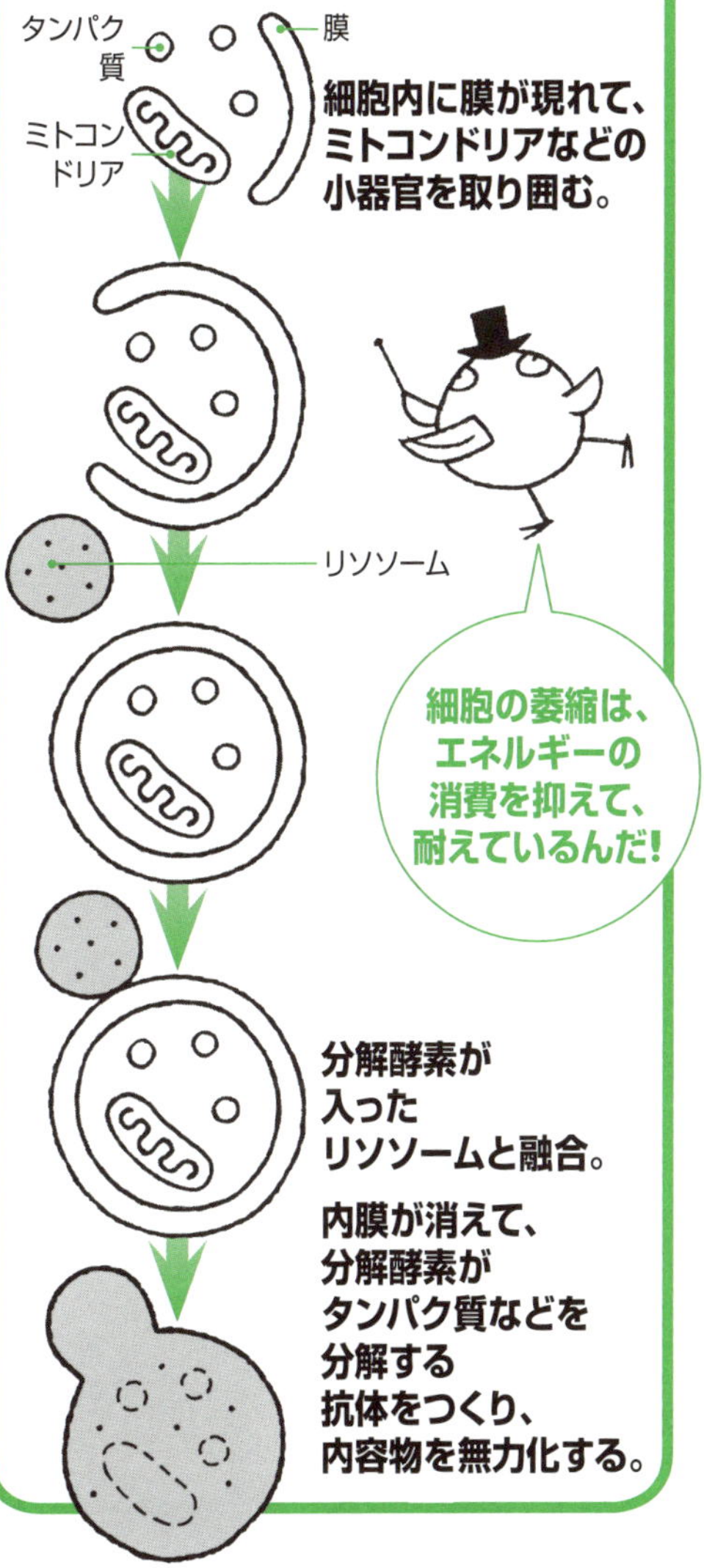

膜
ミトコンドリア
細胞内に膜が現れて、ミトコンドリアなどの小器官を取り囲む。
リソソーム
細胞の萎縮は、エネルギーの消費を抑えて、耐えているんだ!
分解酵素が入ったリソソームと融合。
内膜が消えて、分解酵素がタンパク質などを分解する抗体をつくり、内容物を無力化する。

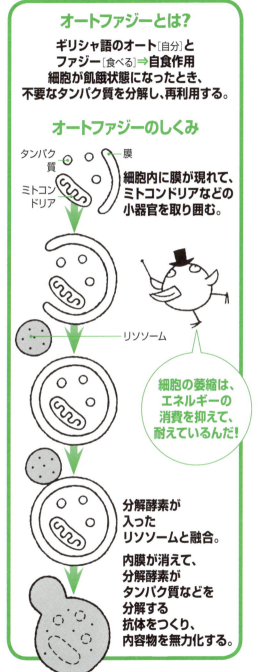

12 細胞には2通りの死に方がある

アポトーシスとネクローシス

細胞にも寿命があり、死に方には「アポトーシス」と「ネクローシス」という2通りがあります。

「アポトーシス」という細胞死は、語源的には枯れ葉などがぽろっと落ちるという意味で、管理、調節された細胞の死（自殺・自然死）をいいます。

ひっそり死んで、マクロファージ［34ページ参照］によって貪食《どんしょく》されていきます。人でいえば今流行《はや》りの終活をきちんとして、細胞内の物質を使用可能な形に加工して放出してから死を迎えるのです。例えば、人の手や足の発生です。将来、指として残る場所以外の細胞が死んで、最終的に手の形になっていきます。アポトーシスがない場合には奇形が発生します（合指〈肢〉症）。もともと手の発生プログラムがそのようにできているので、「**プログラムされた細胞死**」とも呼ばれます。

「ネクローシス」は「壊死《えし》」と同じ意味で、何らかの刺激によって細胞が傷ついた結果おきる細胞死のことです。例えば、臓器へ十分な血液が供給されないような状態（虚血）では酸素が供給されずに低酸素状態になって臓器の細胞が死んでいきます。酸素不足によって、ある臓器の細胞が、肉眼的にみてもわかるほど大量に「壊死」に陥《おちい》ったのです。臓器レベルでこの現象を「**梗《こう》塞《そく》**」といいます。

ネクローシスした細胞は、終活する間もなく死んでしまいますので、中身を周りにぶちまけます。この結果、炎症が生じます。つまり、**壊死が生じると、「炎症反応」が生じます。白血球が動員されるのはこうした状態です。**

最後は、白血球や組織にあるマクロファージ（貪食細

胞)が壊死した細胞や細菌を貪食して消化してくれるのです。

ほとんどの臓器では、梗塞がおきてしばらくすると固くなってしまうので、形態学的には「**凝固壊死**」といわれ、壊死巣が軟らかくなり溶けていく場合を「**融解《ゆうかい》壊死(液化壊死)**」といいます。

ほとんどの臓器は凝固壊死をおこしますが、唯一、脳は梗塞が融解壊死を引きおこします。「**脳軟化(脳梗塞)**」といわれるのはそのためです。

死に方もずいぶん違いますが、**もうひとつ大きな違いは、「壊死(ネクローシス)」は病的な状態でしか生じませんが、「アポトーシス」には病理的なものだけでなく生理的なものもあるということです。**

細胞の寿命は骨細胞でおおよそ10年、筋肉細胞で6ヵ月～12ヵ月、赤血球で3～4ヵ月、皮膚細胞で20～30日、消化器上皮細胞はなんと1日です。

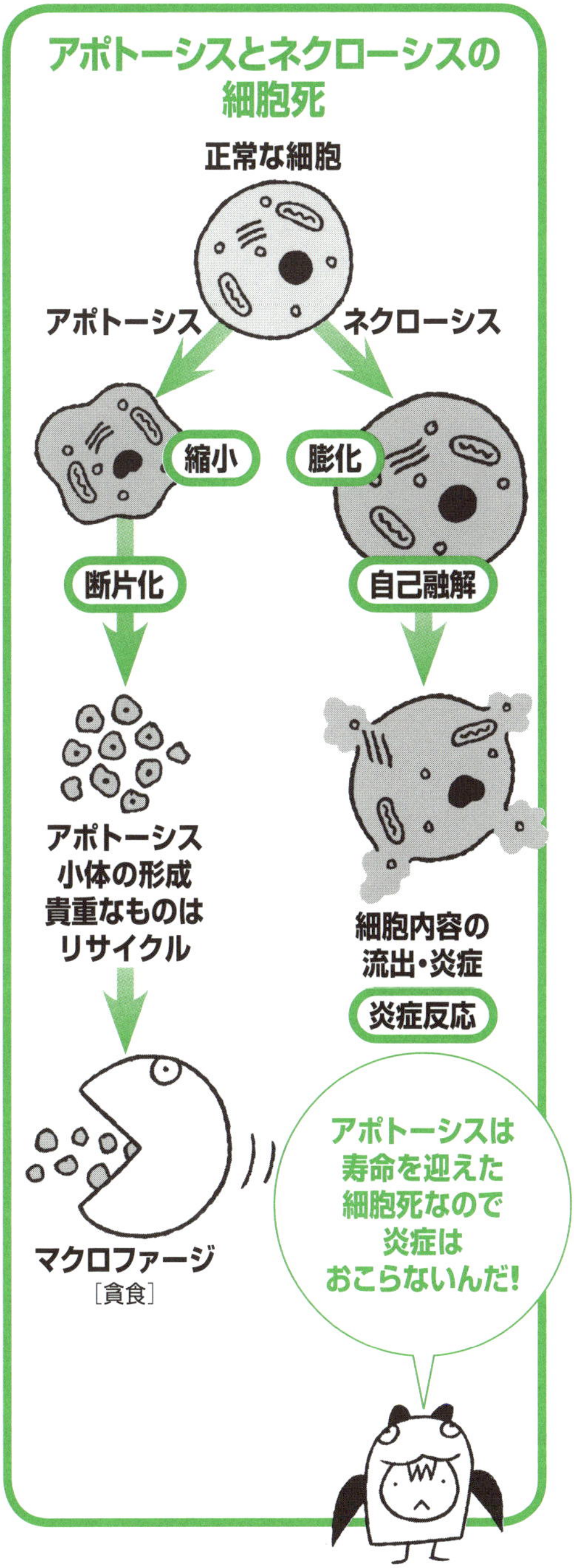

13 体の防衛隊「免疫細胞」

活発に貪食作用をする、マクロファージ

体に侵入してきた異物や病原体、また体内にできた腫瘍《しゅよう》などの悪性新生物などを認識し、攻撃する免疫反応を担当する血液やリンパ液の中に存在する細胞を、「**免疫細胞**」または「**免疫担当細胞**」といいます。

「免疫細胞」は、「リンパ球」「好中球《こうちゅうきゅう》」のほかに「マクロファージ」「樹状細胞」などがあります。

「**リンパ球**」**は、白血球に占める割合は約30%ですが、リンパ液はほとんどリンパ球で占められています。生体防御に極めて重要な細胞です。**骨髄由来のBリンパ球（B細胞）と、胸腺由来のTリンパ球（T細胞）やNK（ナチュラルキラー）細胞のほか、NKT（ナチュラルキラー・ティー）細胞があります。

「**好中球**（56ページも参照）」**は、白血球の中で50%～60%を占め、一番数が多く、体内に入ってきた怪しい病原体を食べまくる大食漢です。**ふだんは血管の中を流れていますが、マクロファージから呼ばれると、血管の外に出て移動することができ、いち早くその場所にかけつけます。

病原体の侵入を見張る「**マクロファージ**」は、「マクロ」が「大きい」、「ファージ」が「食べる」と、名前の通り体が大きいアメーバ状の形をし、病原体を見つけるとすぐに食べるので、「**大食い細胞**」「**貪食細胞**」といわれます。また、サイトカインという物質をつくって、病原体が侵入したことをほかの免疫細胞に知らせたり、体内の異変細胞を処理します。

マクロファージは単球から分化し、骨髄で成熟し血中に入り、いろいろな臓器に入って食細胞となったり免疫情報を伝える活動をしたりします。

病原体の中には食べられてもマクロファージの中で生き続けるものもいます。刺青《いれずみ》はその性質を利用したものです。刺青の色素は皮膚の結合組織に存在するマクロファージに貪食されますが、生涯、その場所にとどまります。ヘビースモーカーの肺が黒くなるのも、炭粉がマクロファージに貪食されて蓄積されているからです。

「樹状細胞」は、皮膚、リンパ節、胸腺などに分布し、骨髄由来の非リンパ球系細胞です。マクロファージと異なり、貪食能力はありませんが、Tリンパ球（T細胞）と共同して免疫応答を誘導します。いわば、免疫チームのリーダーとして働いているのです。

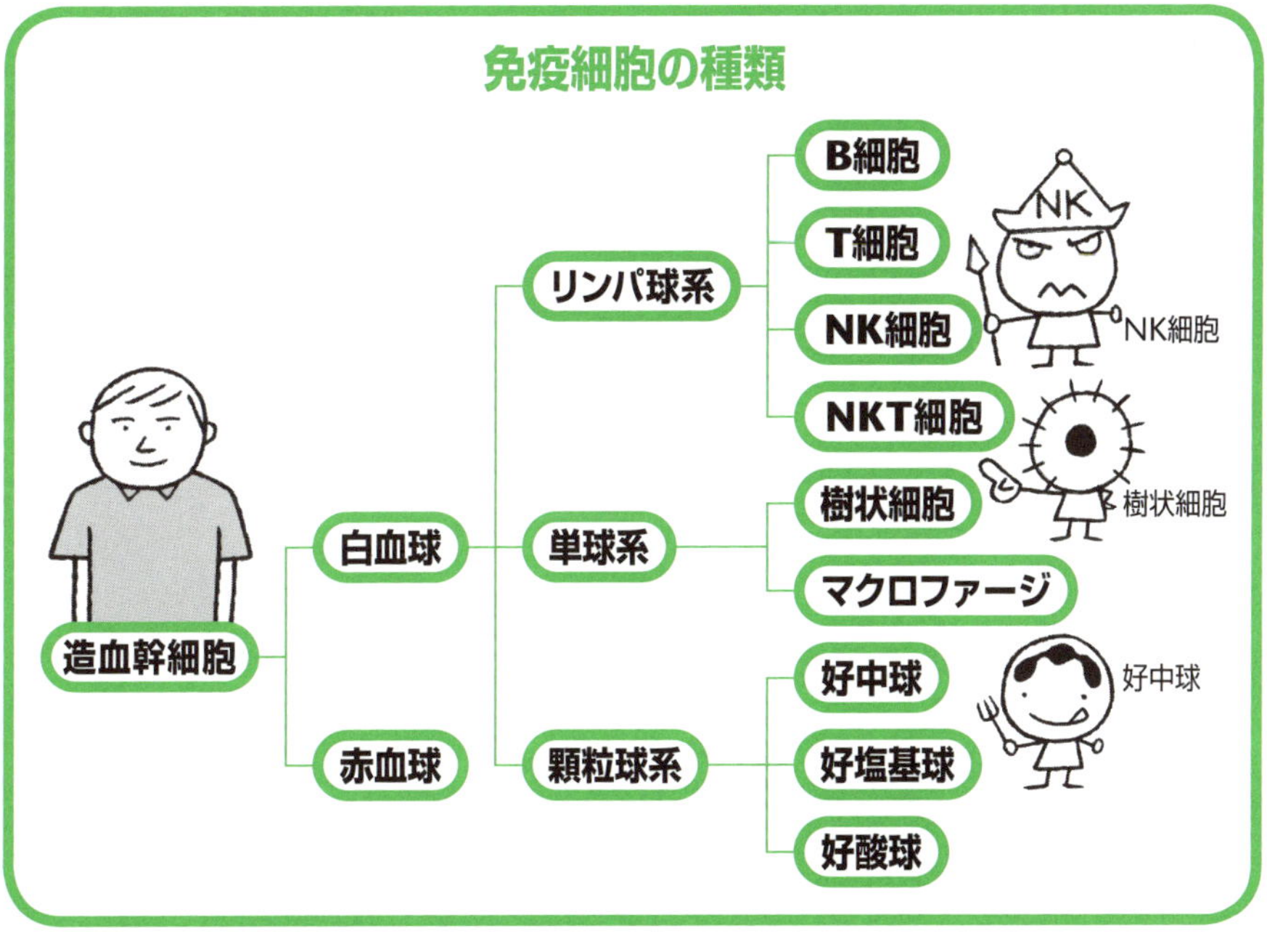

14 体の免疫システムと老化

前線部隊と後続部隊が協力して攻撃

体の免疫システムには、どのような敵に対しても同じような機構で防衛する「**自然免疫**」と敵の性格を知り、その敵に対して専門的な武器で防御にあたる「**獲得免疫**」と呼ばれる2つのシステムがあります。

どんな敵に対しても素早く反応してやっつける自然免疫は、いわば「前線防衛システム」であり、私たちが生まれつき備えているものです。それに対して、以前の敵を覚えておいて、**同じ敵が再度現れたときに専用の武器を用いてやっつける獲得免疫は、主に初期防衛システムで撃退できなかったときに働く、「後続防衛システム」といえます。**

獲得免疫の中には、「抗原（敵）」に対して専用の「**抗体**」という武器をつくって対応する「**液性免疫**」と、敵を覚えているリンパ球が攻撃殺傷にあたる「**細胞性免疫**」があります。細胞性免疫にはT細胞があり、液性免疫にはB細胞があります。この2つの免疫システムが状況に応じて的確に働き、外敵から身を守っているのです。

リンパ球のひとつであるT細胞には「ヘルパーT細胞」「キラーT細胞」「サプレッサーT細胞」の3種類があります。キラーT細胞は、ウイルス感染細胞やがん細胞を殺傷し排除する細胞性免疫に関わります。ヘルパーT細胞は抗原刺激に応答して、他の免疫細胞の働きを調節する司令塔の役割をします。

B細胞は抗体という特殊な武器を産生する細胞です。抗体は特定の敵だけを無力化する〝矢〟もしくは〝ミサイル〟のようなものです。特定の相手にしか作用せず、周囲を巻き込むことはありません。しかし、このような優れた防御システムも、「老化」には抗《あらが》えません。**成熟期以降に加齢とともに臓器の機能が低下し、恒常性の維持が難しくなり、死にいたる過程を「老化」といいます。**恒常性とは、外部の環境が変化しても生体内部の体温、血圧及び化学的内容物などが一定に保たれている状態です。T細胞を成熟・分化させる免疫器官の「**胸腺**」は、10歳前後には最大35gありますが、年齢とともに脂肪組織に置き換えられ、最終的にはわずかに散在するだけになり、この結果、リンパ球(T・B細胞)の機能低下がおこり、悪性腫瘍の発生を抑制する力も低下してしまうのです。

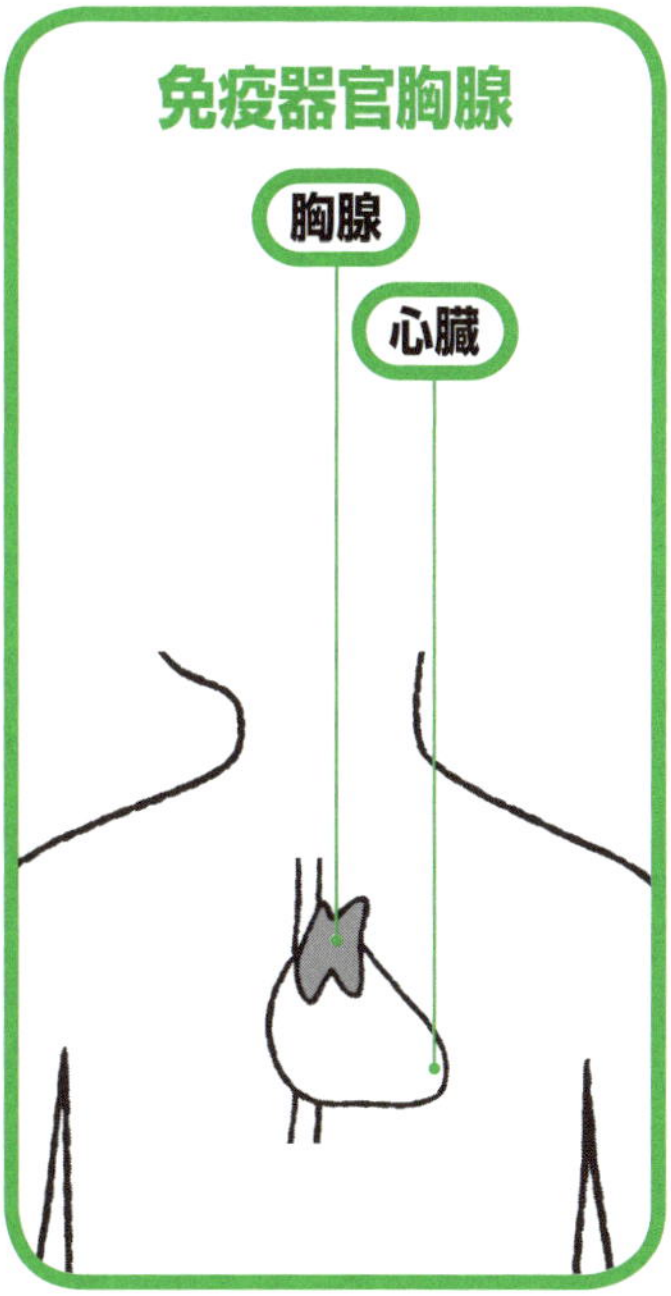

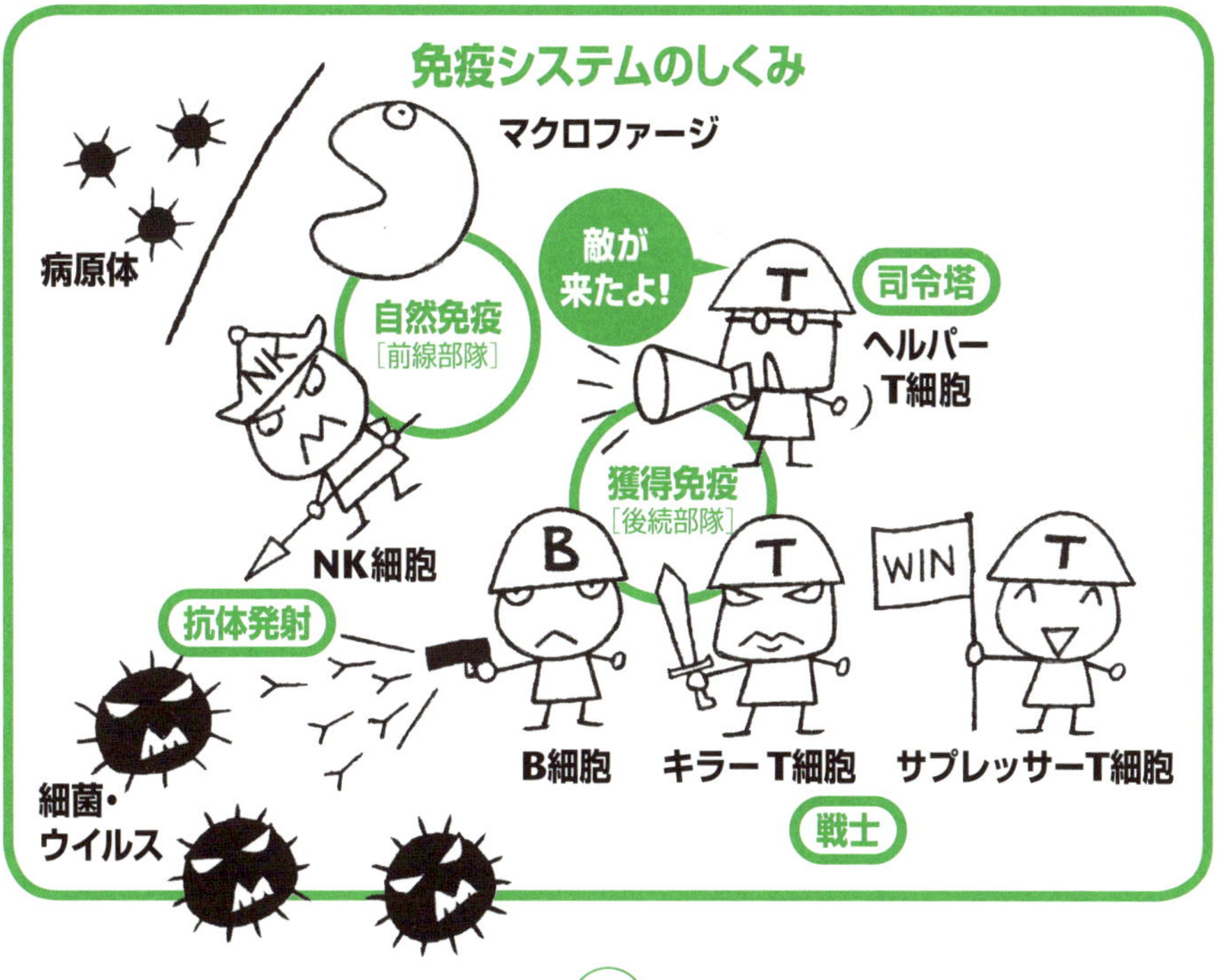

15 「命の回数券」テロメアとは?

細胞の老化を止める酵素、テロメラーゼ

細胞の再生能力は修復と再生だけでなく、人の寿命にも関わっています。老化は組織の再生能力が加齢とともに衰えてくる現象ですが、再生能力がなくなれば、個々の細胞だけでなく、体にも寿命がきます。

1960年、ヘイフリックという研究者が、正常な人の細胞を培養すると50～60回しか細胞分裂ができないことを発見しました。

今では、細胞の再生能力に密接に関係しているのが「テロメア」だと考えられています。**テロメアは各細胞の染色体の末端についている特別な塩基の繰り返し構造です。そして、細胞分裂の際に遺伝子の複製が行われるたびに、繰り返し構造がひとつ失われて短くなっていき、テロメアがなくなったら分裂できなくなります。**テロメアが「**命の回数券**」によく例えられるのはそのためです。細胞分裂するための回数が決められたチケットのようなものだからです。テロメアには「**テロメラーゼ**」という**テロメアを伸ばすことのできる酵素が存在します。**テロメアを使い切ってしまう前に、テロメラーゼで新たにテロメアをつくれば、分裂を繰り返すことができます。しかし、増殖・分化しない正常な体細胞には、幹細胞や生殖細胞、がん細胞のようなテロメラーゼによる活性がありません。分裂回数が進んでテロメアがある程度以上短くなると、もう分裂ができなくなります。これを「**ヘイフリック限界**」といいます。幹細胞とは、組織や臓器に成長する元となる細胞です。**逆にテロメラーゼの活性を抑制することにより、がんの治療が可能なのではないかというさまざまな研究も続けられています。**

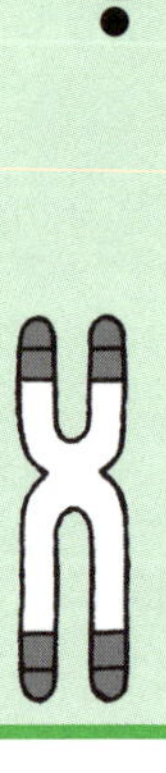

テロメラーゼとがん細胞増殖の関係

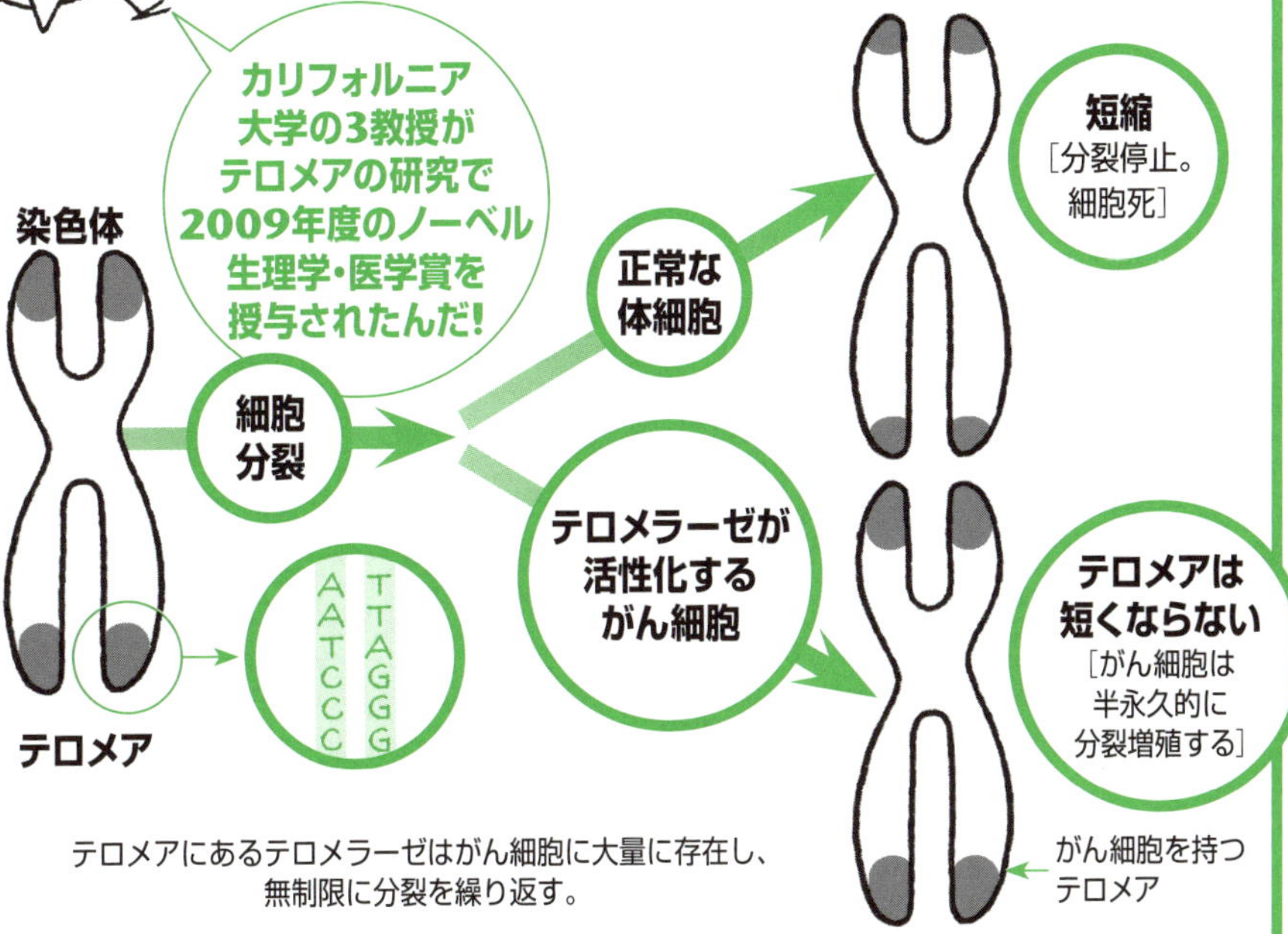

カリフォルニア大学の3教授がテロメアの研究で2009年度のノーベル生理学・医学賞を授与されたんだ!

[分裂停止。細胞死]

[がん細胞は半永久的に分裂増殖する]
がん細胞を持つテロメア
テロメアにあるテロメラーゼはがん細胞に大量に存在し、無制限に分裂を繰り返す。

テロメアの長さが細胞の老化を示す

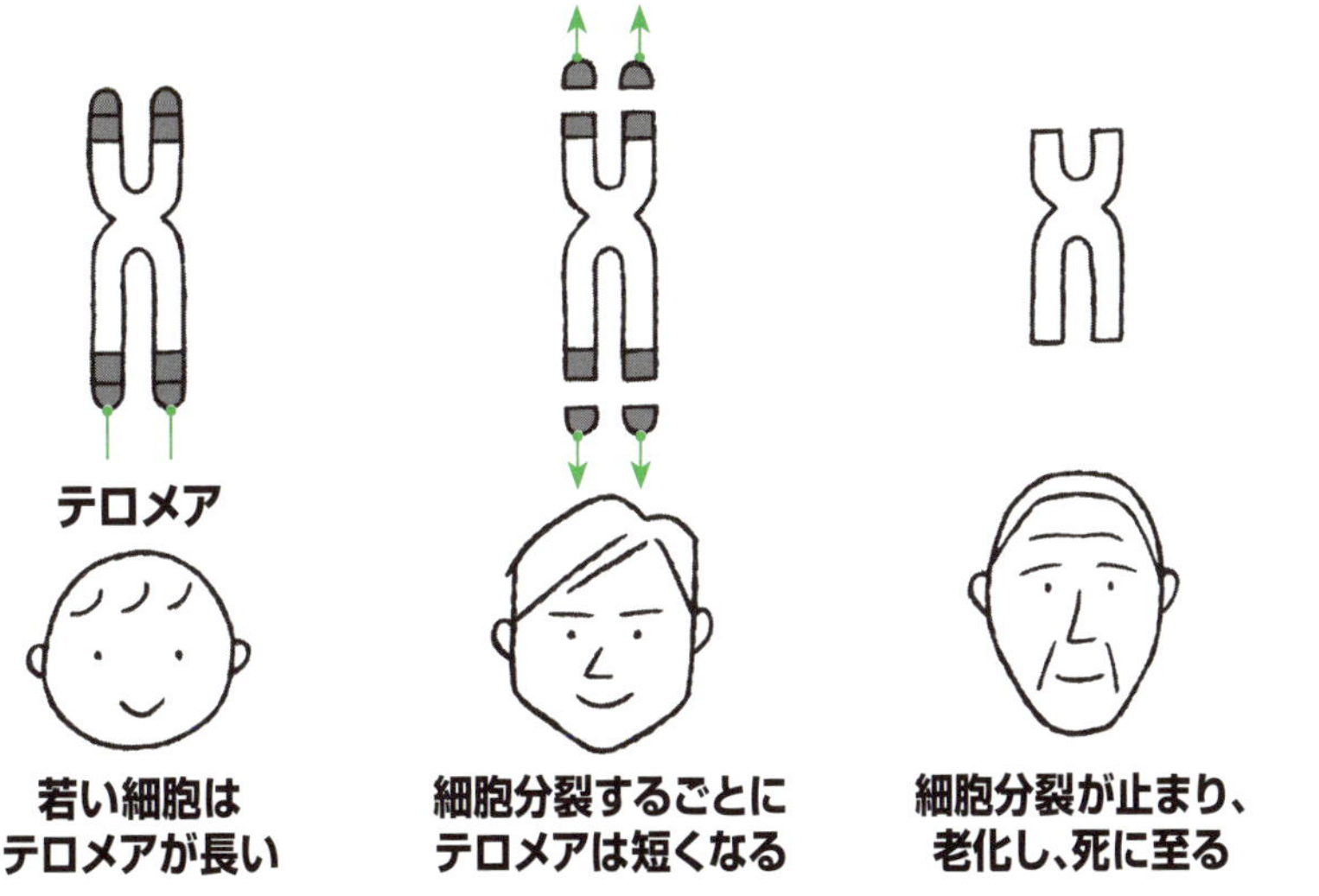

若い細胞はテロメアが長い

細胞分裂が止まり、老化し、死に至る

16 夢の長寿遺伝子サーチュイン

腹7分目が健康寿命を延ばす

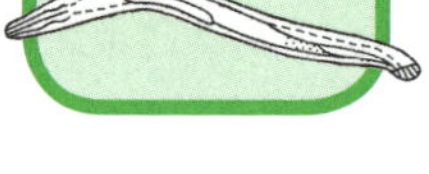

生物には、ほ乳類や昆虫から、単細胞のような下等生物と、さまざま存在していますが、すべてに共通した生命現象があります。それが老化現象です。

老化研究では、体長が1㎜くらいの1000個ほどしか体細胞を持たない土壌中に棲む線虫《せんちゅう》の一種「**シー・エレガンス（カエノラブディティス・エレガンス）**」という小さな生き物が、重要な生命現象の研究に大きな役割をはたしてきました。この線虫は、遺伝子レベルでは人と共通の祖先に由来する確率が高く、多細胞生物でありながら細胞数が少なく、寿命が短いので短期間で効果を知ることができ、しかも基本的な老化のしくみが人とよく似ているのです。その糸口となったのは、「**サーチュイン（Sirtuin）**」という名の長寿遺伝子でした。

特に酵母菌の中から発見された**Ｓｉｒ２（サーツー）の遺伝子の量が減ると寿命が短くなり、活性化されると寿命が長くなります。**そのＳｉｒ２と似た遺伝子は、人にも存在しており、人の寿命にもこのサーチュインが大きく関与しているのではないかと考えられています。

また、**カロリー制限による長寿とサーチュインには大きな関係があると考えられています。それは、サーチュインはカロリー制限によって活性化されることがわかっているからです。**

アメリカの大学の有名なアカゲザルの研究では、通常の70％にカロリー制限をした結果、健康状態は改善（健康寿命を延ばす）したものの、寿命が延びることについてははっきりした結果は出なかったということです。

人も腹7〜8分目の食生活で適度な運動が健康に良いことはいうまでもないでしょう。

シー・エレガンス［線虫］の構造

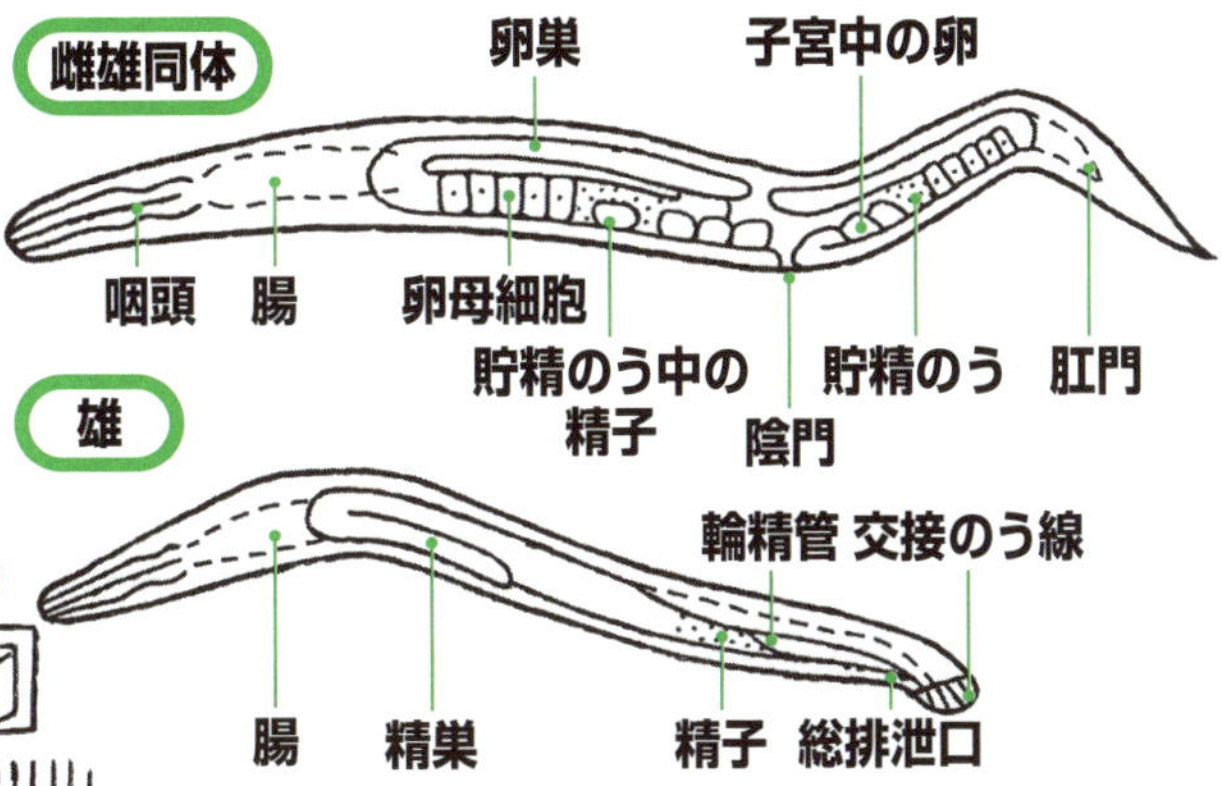

線虫は1mmほどの小さな虫で、
1匹で雄と雌の両方の生殖機能を持つ雌雄同体の雄がいて
遺伝子レベルで人と共通の祖先に由来する確率が高く、
基本的な老化のしくみも似ている。

腹7分目で長寿遺伝子が活性化する

17 進む iPS細胞の臨床研究

iPS細胞とES細胞の違いを知る

「iPS細胞」を開発した山中伸弥教授は2012年、ノーベル生理学・医学賞を受賞しました。

iPS細胞とは、日本語では「人工多能性幹細胞」といいます。「多能性」とは、いろいろな細胞になれるという意味で、「幹細胞」とは、いくらでも増えることができて、他の細胞になることもできるという意味です。

つまり、**iPS細胞は、自分の皮膚からつくることができ、いろいろな細胞になることができ、いくらでも増やせる万能細胞、ということです。**

どんな細胞でもつくれるのだとしたら、角膜や脊髄、臓器などを損傷した人に、新しい体の部位や臓器を提供してあげることができます。これほど素晴らしい再生医療はほかにありません。

私たちはひとつの受精卵という細胞から誕生しています。その受精卵がどうやって、手や足といった細胞に分化していくのかを研究し、受精卵で活発に働いている遺伝子の細胞を初期化することに山中教授は着目したのでした。

つまり、**おおよそ2万1千個もある遺伝子を細胞4個の遺伝子に絞り組み込むと、細胞が初期化されて、いろいろな細胞になれる多能性幹細胞ができたということです。それこそがiPS細胞でした。**

iPS細胞によく似た幹細胞に「**ES細胞**」がありますが、決してES細胞が性能的に劣っているわけではありません。ES細胞は「**胚《はい》性幹細胞**」といい、「胚」とは受精卵が6、7回分裂したときの細胞のことで、胎児になる少し前にあたります。

したがって、胚は胎盤以外であれば、何にでもなれる多能性を持っていますが、そのまま子宮に戻せば子どもになる可能性のある存在をバラバラに分解して使用するので、倫理的な問題がどうしても生じます。また、ＥＳ細胞は固有のＤＮＡを持っているため、体の免疫機能が働いて拒絶反応を示します。

一方、**ｉＰＳ細胞は、本人の細胞を初期化して多様性を持つ幹細胞をつくりだしています。**自分の細胞を使うので、正確に初期化できれば、ＤＮＡは完全に一致することになり、拒絶反応がおこる可能性はほぼありませんし、ｉＰＳ細胞は成長した細胞を使っているだけなので、倫理面でも問題はないわけです。

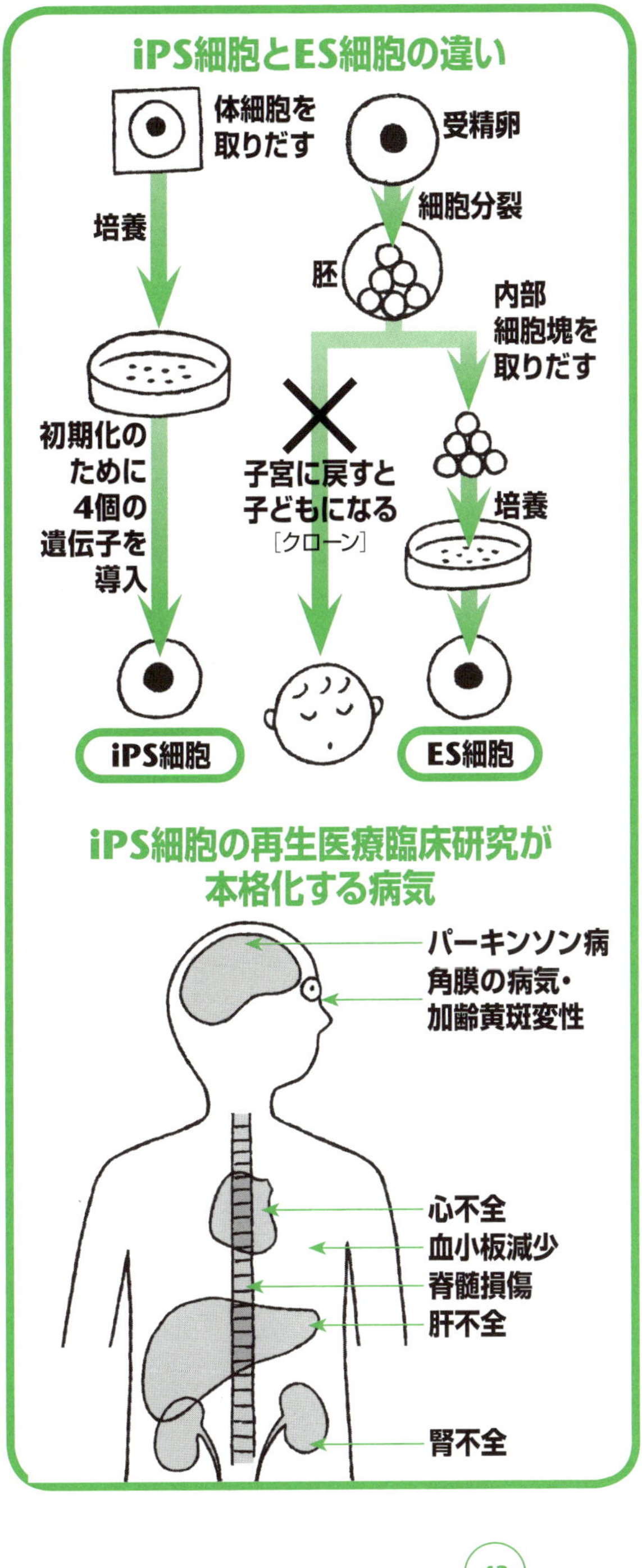

Column

プラナリアの分化とトカゲのしっぽ

私たち人間が手や足を失ったとしたら、もう2度と生えてくることはありません。しかし、人間以外の動物には、手足が生えてくる生物がいます。

その代表的な生き物はイモリです。トカゲのしっぽ切りなどという言葉がありますが、イモリは手や足を切断しても、数ヵ月で再生します。小さいころなら脳みそさえ再生する能力があります。このしくみは、一度筋肉などになった細胞が、ほとんどすべての細胞になれる「幹細胞」になって、なくなった手足をもう一度つくるというものです。

ほかにもイモリの上をいく「プラナリア」という生物がいます。プラナリアは、体を200個に切り刻《きざ》んでも、また再生することができるので、結果、200匹のプラナリアが新たに誕生します。プラナリアのように、幹細胞がいろいろな細胞になっていくことを「分化」といい、目的の細胞に分化させることを「誘導分化」といいます。プラナリアはもともとどんな細胞にでもなれる幹細胞を持っています。

人間も幹細胞を持ってはいるのですが、皮膚は皮膚、髪の毛は髪の毛というように、ほかの種類の細胞になることはできません。それなら、プラナリアのような多様性を持つ万能な幹細胞を人にもつくれないだろうか——という発想から生まれたのが「iPS細胞」なのです。

第3章

体中を循環する血液の役目

体のすみずみに酸素や栄養を届け、
頑張って外敵と戦っている血液たちの働きを紹介します。

18 血液って何？

酸素や栄養分を運び、老廃物を回収する

　血液とは、体の中を網の目のように巡る血管の中を循環し、生命の維持に関する大切な働きをします。体内を循環する血液の量は、個人差はありますがおよそ体重の13分の1とされていて、「細胞成分（血球）」である「**赤血球・白血球・血小板**」と、「液体成分」である「**血漿**《けっしょう》」から成り立っています。

　赤血球は細胞成分の多くを占め、ヘモグロビンと結合して酸素や栄養分を体の末端まで運び、二酸化炭素や老廃物を回収し運び出します。ちなみに体の中に張り巡らされた血管の長さは、総延長10万キロ、地球を2周半もする長さがあるとされています。

　そのほとんどは直径が100分の1㎜程度で、赤血球がやっと通れるほどの太さしかない毛細血管です。

　白血球は外部から侵入した細菌やウイルスを攻撃し、感染も防御します［56ページ参照］。**また、血小板は出血を抑える作用をします。**

　血漿は血液の成分の約55%を占め、ほとんどが水分ですが、凝固因子と呼ばれるタンパクを含み血小板と一緒に血栓《けっせん》**をつくり、傷口をふさぐ血液凝固の役目をします。**また、私たちの体の約3分の2（体重の60～65%）は水でできています。体内にある水分を「**体液**」といい、体液の約3分の1が細胞外（細胞外液）にあり、その一部が前述の血漿内にあります。

　この水分を体のすみずみまでいきわたらせるのも、血液の大事な働きのひとつです。血液が水分を失い、ドロドロになると、脳梗塞や心筋梗塞になる可能性がありますので、的確に水分を補充することが健康な体づくりのポイントなのです。

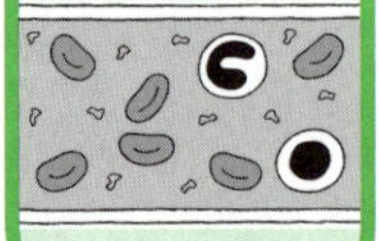

血液の成分

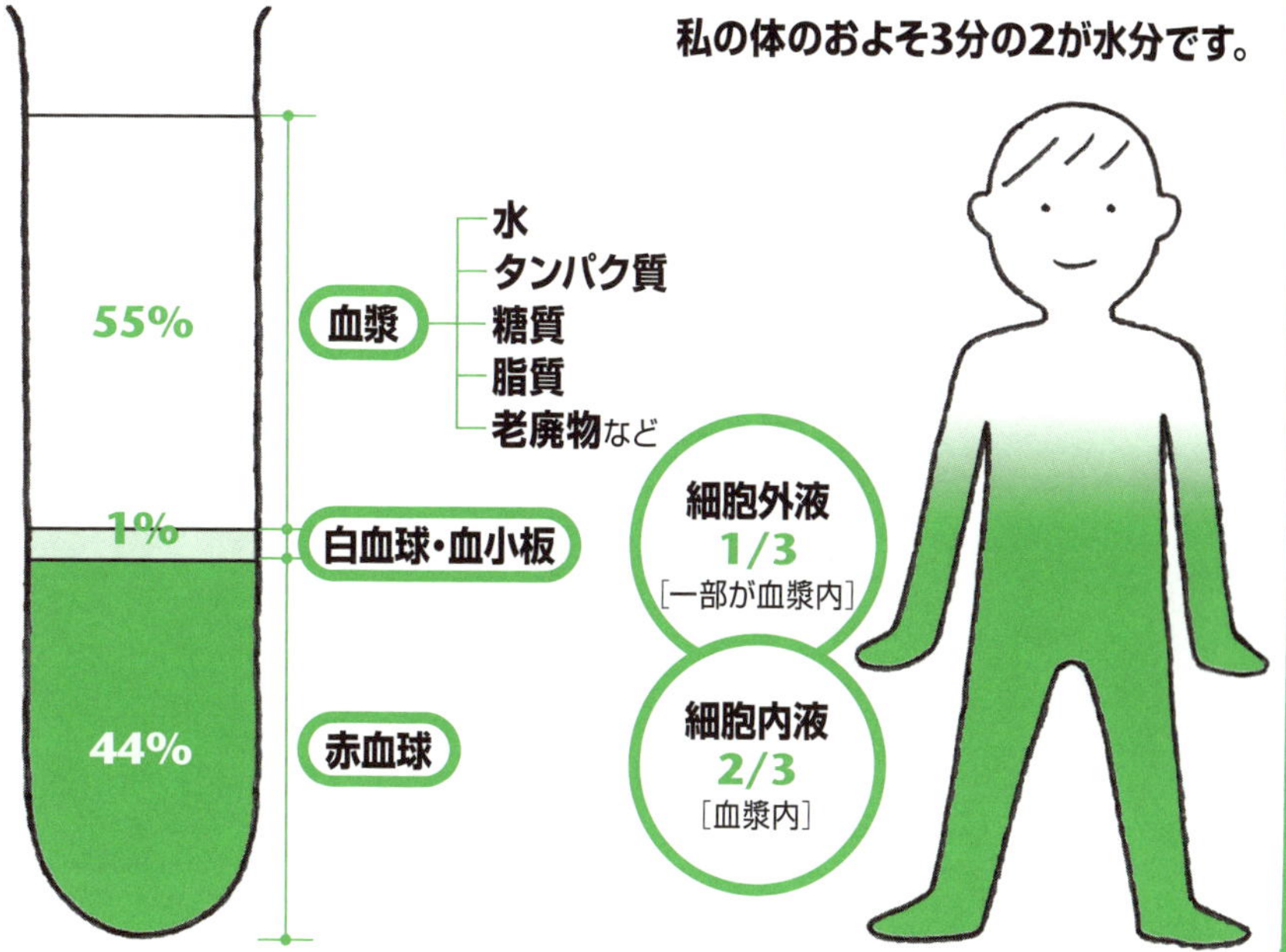

血管内成分と役目

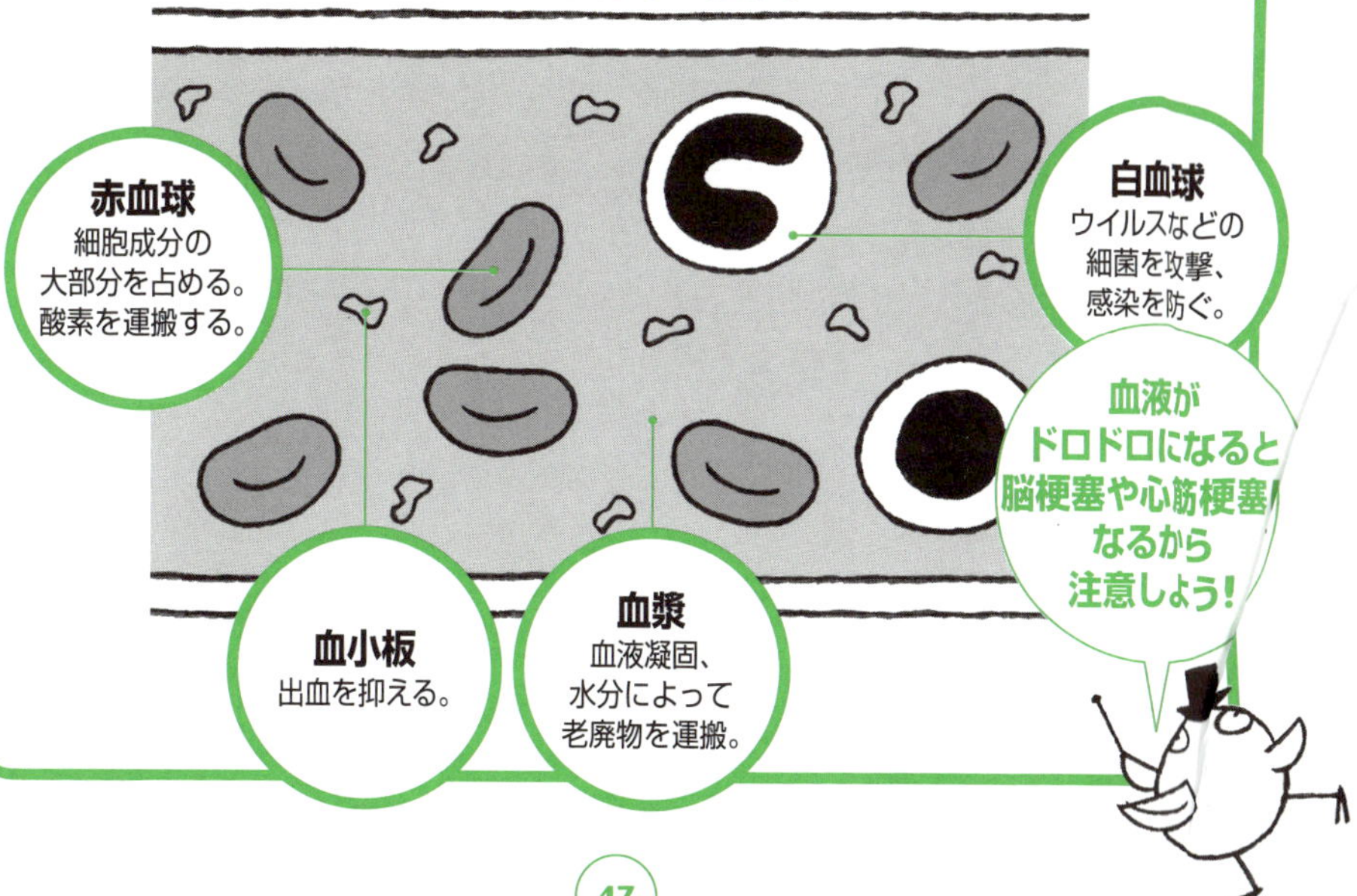

19 全身を巡り血液を循環させる血管

血管の老化は重篤な病気の引き金になる

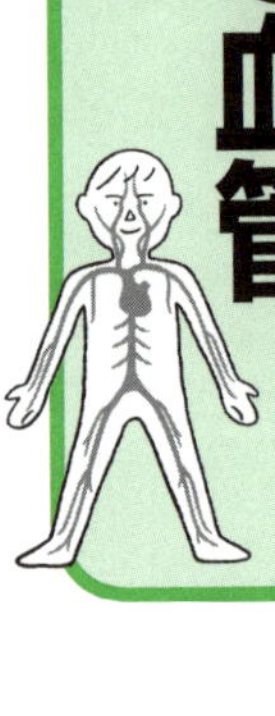

血管は、心臓から拍出《はくしゅつ》される血液を送り出す「**動脈**」、二酸化炭素を回収して心臓に血液を返す「**静脈**」、動脈と静脈の間にあり動脈血中の酸素と栄養素を末端組織に供給する「**毛細血管**」の3種類に大別できます。**また、心臓自体に酸素や栄養を与える血管を「冠状動脈」といいます。**血管の基本的構造は、内膜、中膜、外膜の3層の膜によって構成されています。

血管（動脈）の細胞に老化した細胞が増え弾力性がなくなることで異常をきたした状態が「血管の老化」、これが「**動脈硬化**」です。

老化した血管は弾力がなくなっていき、その一方で、心臓から送り出される血液の量は加齢によってほとんど変化しません。若いときと変わらない血液の量が圧力となって、硬い血管に負荷がかかります。つまり、**心臓収縮期の血圧**（最高血圧）**と弛緩《しかん》期の血圧**（最低血圧）**との差が「脈圧」で、脈圧が大きいということは動脈硬化が進行していることを意味します。**

老化によって小さな傷などが血管の内膜にできると、そこに血中の余分な脂肪（悪玉コレステロール＝LDL）を取り込んで、**マクロファージ**［34ページ参照］**の残骸が蓄積され内側に出っ張ります。これを「プラーク」と呼んでいます。**老化によって血管の弾力性が失われた上に、プラークによって血管の内側が狭くなると、**心臓に血液を送る血管である冠状動脈の流れが悪くなり、酸欠や栄養不足になって、胸の苦しさや痛みを伴う「狭心症」**となります。

また、何らかの刺激によって、プラークがはがれると、その傷を修復するためにかさぶたのような血栓が

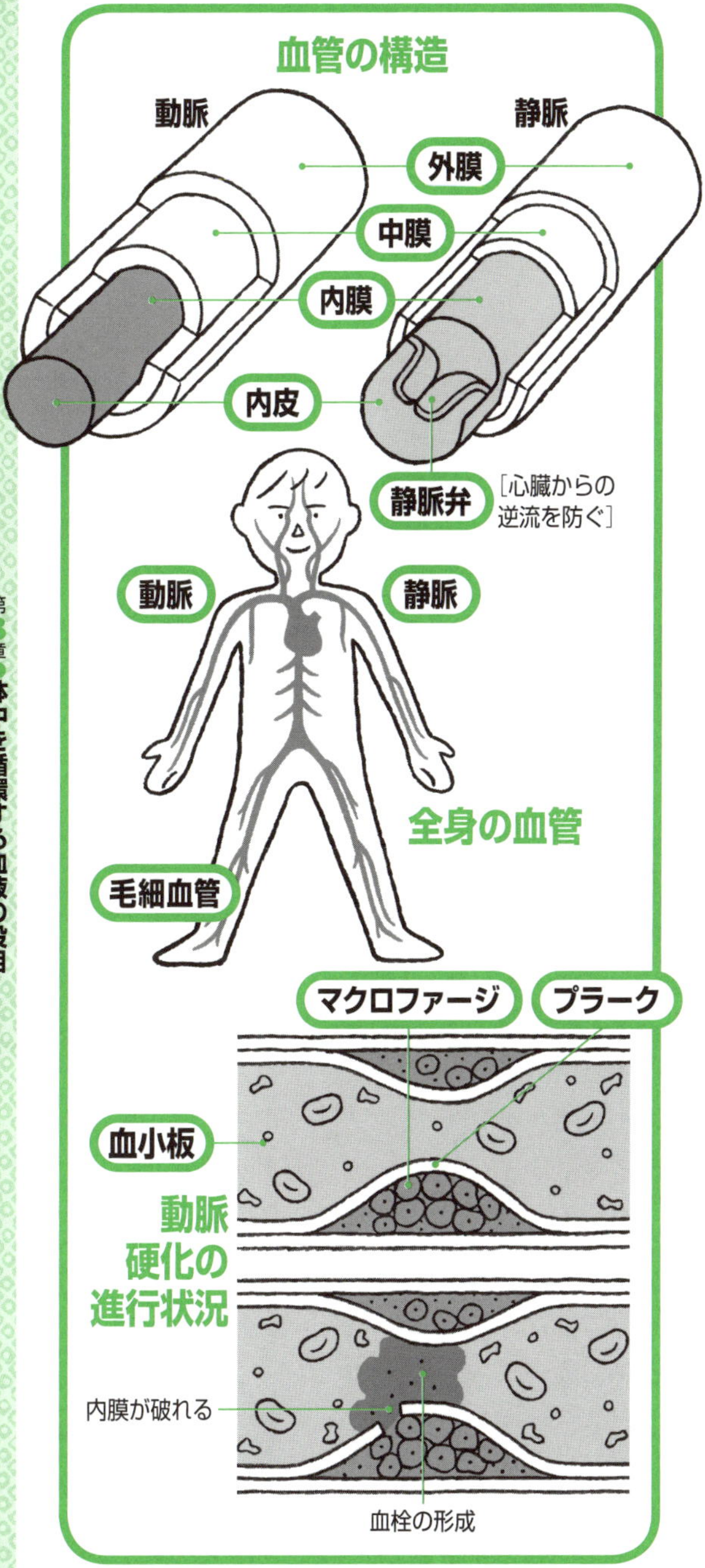

できます。血栓によって血管が塞《ふさ》がれてしまうと大変です。心臓の冠状動脈が血栓で塞がれると「**心筋梗塞**」に、脳の動脈が血栓で詰まると「**脳梗塞**」になります。

さらに、血栓で塞がれたため、行き場のなくなった血液がもろくなった血管を破裂させることもあります。動脈は心臓や脳などの臓器、全身のすみずみに酸素や栄養を届ける重要な役割を担っていますから、動脈硬化は体中どの動脈でもおこります。病名は心臓や脳の病気のようでも、実際は血管の老化が原因であることが多いのです。

高血圧や糖尿病があると、細胞の老化を早めてしまうと考えられています。加齢は止められなくても、老化のスピードを遅くする生活スタイルを見直すことが大切です。

20 血液はどこでつくられるの？

多くは骨の中心「骨髄」でつくられる

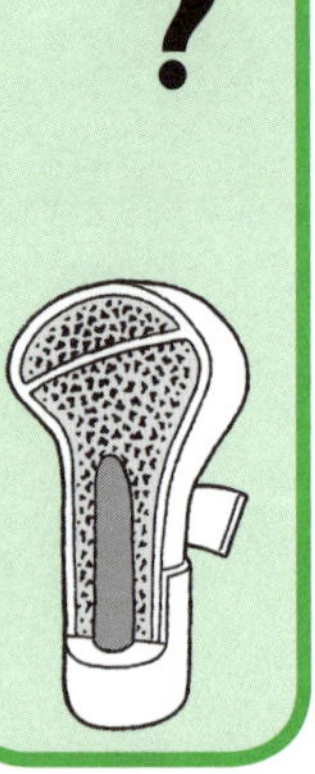

19世紀に入ってはじめて、血液が骨の中心部である「骨髄」でつくられることがわかりました。しかし、すべての血液が骨髄だけでつくられているわけではありません。

血液のうち、骨髄の中でつくられているのは、血球といわれる「赤血球」、「白血球」、「血小板」の3種類ですが、「リンパ球」のT細胞のみ胸腺〔37ページ参照〕**でつくられます。**

赤ちゃんのころは、すべての血液は骨の骨髄でつくられますが、成人になると、体幹の中心にある胸骨、脊椎、肋骨《ろっこつ》、骨盤などの限られた骨髄でつくられます。骨髄には約1兆個の細胞が存在しているといわれていますが、そのうち赤血球は約2000億個、白血球は約1000億個、血小板は約1億個が毎日つくられています。これら3種類の血液細胞は「**造血幹細胞**」と呼ばれる細胞からつくられます。

造血幹細胞は骨髄の中心部の海綿状の組織に存在し、細胞の増殖を繰り返し、さらに分化し赤血球、白血球、血小板へと成長し、血液中に放出されます。この過程が「**造血**」です。造血機能を営む骨髄を「**赤色骨髄**」といい、赤色ですが、発育とともに脂肪が増えて「**黄色（黄色骨髄）**」になり造血機能を失います。

白血球は、顆粒球、単球、リンパ球からなります。これらの血球は骨髄でつくられますが、リンパ球のT細胞（前駆細胞）は骨髄の造血幹細胞から胸腺に移住して、ここで成熟してT細胞になります。胸腺は心臓の少し上にあり、16歳頃がピークで、以後、歳とともに小さくなっていきます。

骨の構造

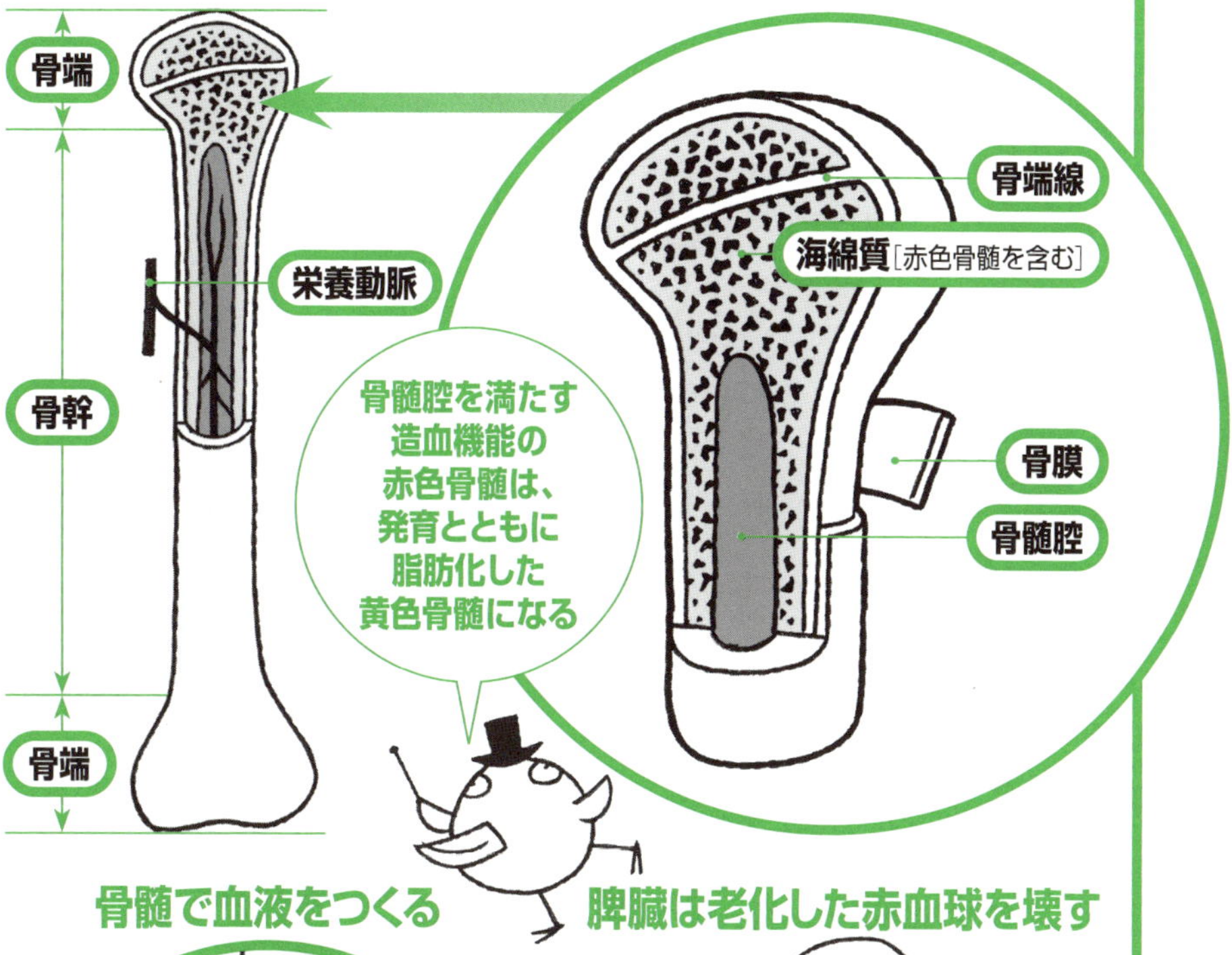

骨髄で血液をつくる

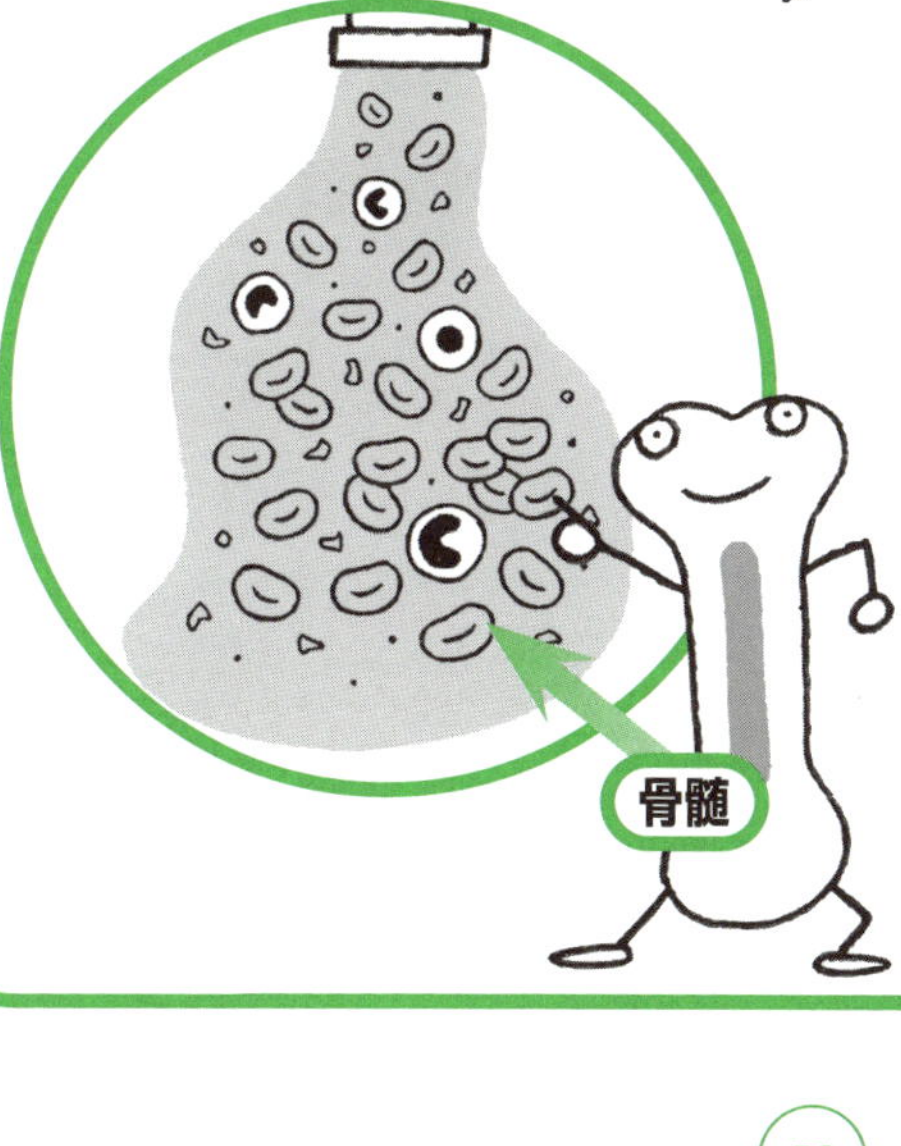

脾臓は老化した赤血球を壊す

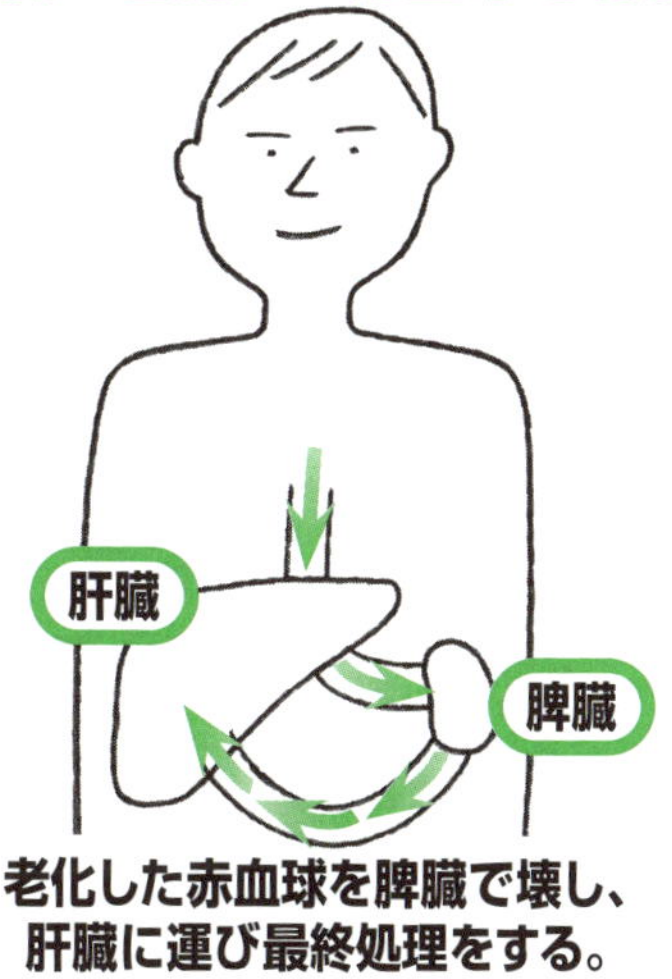

老化した赤血球を脾臓で壊し、
肝臓に運び最終処理をする。

21 酸素の運び屋、赤血球

自由自在に形を変える「ヘモグロビン」を持つ

　赤血球は酸素の運搬、老廃物の排泄という、体を健康に保つための大切な役割をはたしています。また、血球成分の96％を占める細胞で、赤血球の中には「**ヘモグロビン**」**と呼ばれるタンパク質が含まれ、この鉄タンパク質が酸素の運搬役を担っています。**

　血液が赤いのは、このヘモグロビンの色素が赤いからです。赤血球の寿命は約120日といわれていますが、寿命というのは骨髄でつくられて脾臓《ひぞう》で壊されるまでの期間です［51ページイラスト参照］。ただ、破壊と産生のバランスが保たれなくなると、病的な状態に陥ります。

　赤血球は「**赤芽球**《せきがきゅう》」（赤血球の前段階）で核を放出し若い「**網**《もう》**赤血球**」になり、さらに成熟した赤血球になって血液中に出ます。

　この脱核は酸素運搬の機能を特化するためといわれています。それは、核をなくすことで、容積が増し、細胞内に酸素と結合するヘモグロビンをより多く含むことができ、円盤状の形で、体積あたりの表面積を大きくし、効率的に「**ガス交換**」ができるからです。

　毛細血管の大きさは約5マイクロメートル（㎛）ですが、赤血球の直径は約7〜8㎛、平均の厚さは1・7㎛あり、自分の直径より細い毛細血管を通過するには、パラシュート状になったり、スリッパ状になったりして、折れ曲がり変形する必要があるのです。

　もし、**成人が動脈性出血で全血液量の3分の1以上を失うと生命の危険に瀕**《ひん》**し、2分の1以上失われると、心肺停止をきたします。**たとえ一滴でも、私たちの体を流れる血液には底知れぬ神秘の機能があるようです。

赤血球

赤血球の脱核

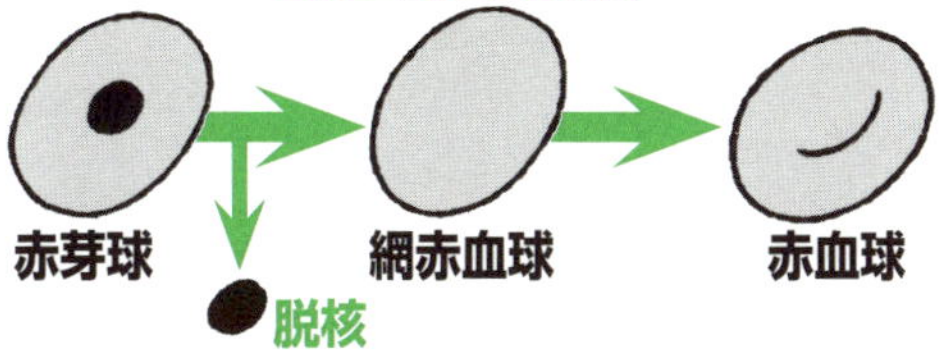

赤血球は幼若な血液細胞［赤芽球］のままでは骨髄から出られず、
脱核して網赤血球になり、成熟して赤血球になって血液中に出る。

赤血球のおもな役目
［ガス交換］

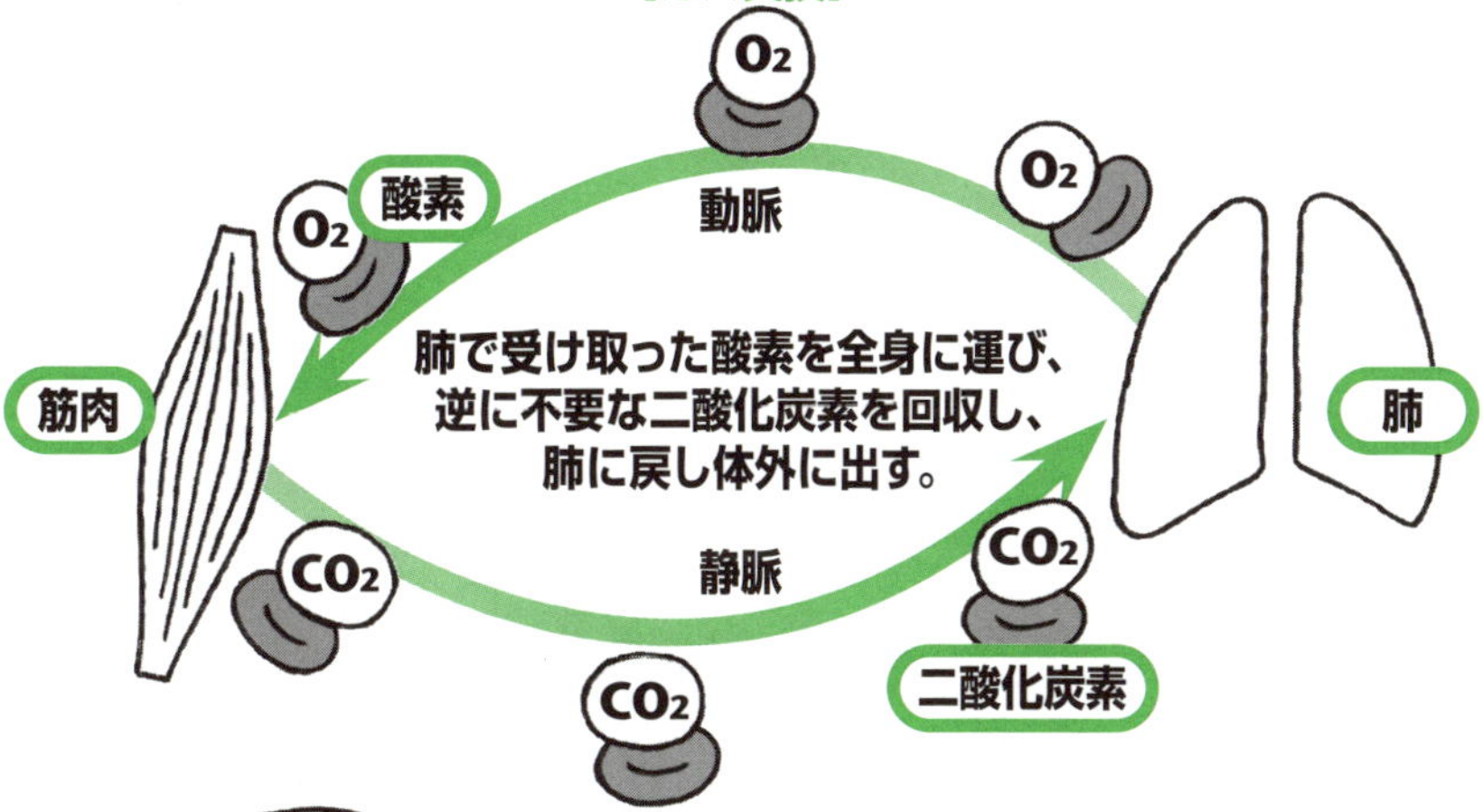

運搬役を担うヘモグロビン

赤血球中のヘモグロビンと酸素が
結合して酸素運搬体となり、
酸素や栄養分が体内に運ばれる。
運ばれた酸素や栄養分は、
生活のためのエネルギーとして
使われる。

ヘモグロビンとは「ヘム」という物質と
「グロビン」というタンパク質が
結合した鉄タンパク質。
酸素と結合するのはヘム。

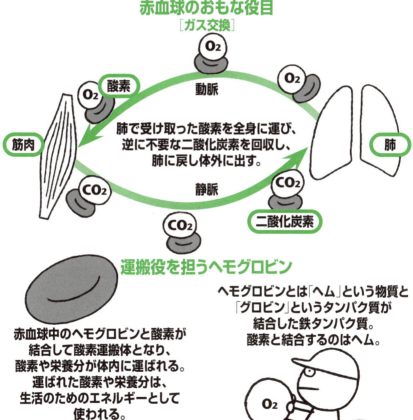

22 貧血はどうしておきる？

怖い造血機能の低下による「再生不良性貧血」

赤血球系の病気で多いのは「貧血」です。**赤血球数やヘモグロビンが基準値よりも減少した状態の総称をいいます。**風邪と同じように軽く考えられがちですが、血液検査を受け、その原因をしっかりと見極める必要があります。貧血といっても原因によって、さまざまな種類の貧血があります。

「**鉄欠乏性貧血**」**は赤血球の構成成分である鉄分とヘモグロビンが不足することでおこる貧血で、最も頻度の高い貧血です。**消化管の潰瘍、子宮筋腫やがんなどの出血、月経過多などによる鉄の排泄や食物からの摂取不足のために貯蔵鉄の不足がおこり、ヘモグロビン合成が障害されます。

「**悪性貧血**（巨赤芽球性貧血）」**は、骨髄の分裂異常によっておこる巨赤芽球がみられるのが特徴で、ビタミンB12や葉酸の不足により、赤血球の造血機能に悪影響がおこり発症します。**その名の通り大きく未熟な赤血球（巨赤芽球）が認められます。

ほかにも、赤血球が寿命（3ヵ月）以前に破壊（溶血）された結果、貧血がおこる「**溶血性貧血**」、血液をつくる骨髄での造血機能そのものが低下して血球が減少する「**再生不良性貧血**」などがあります。この貧血は難病に指定され、重症の場合は骨髄移植が行われます。

いろいろな疾患が原因となっておこる「**続発性貧血**」は2次性貧血ともいわれ、腎性貧血やがんなどの悪性腫瘍などによるものです。

一般的に貧血の症状としては、顔色が悪くなり、頭痛、耳鳴り、めまい、動悸、息切れ、疲れやすい、爪がもろくなるなどの症状がみられます。

貧血の種類

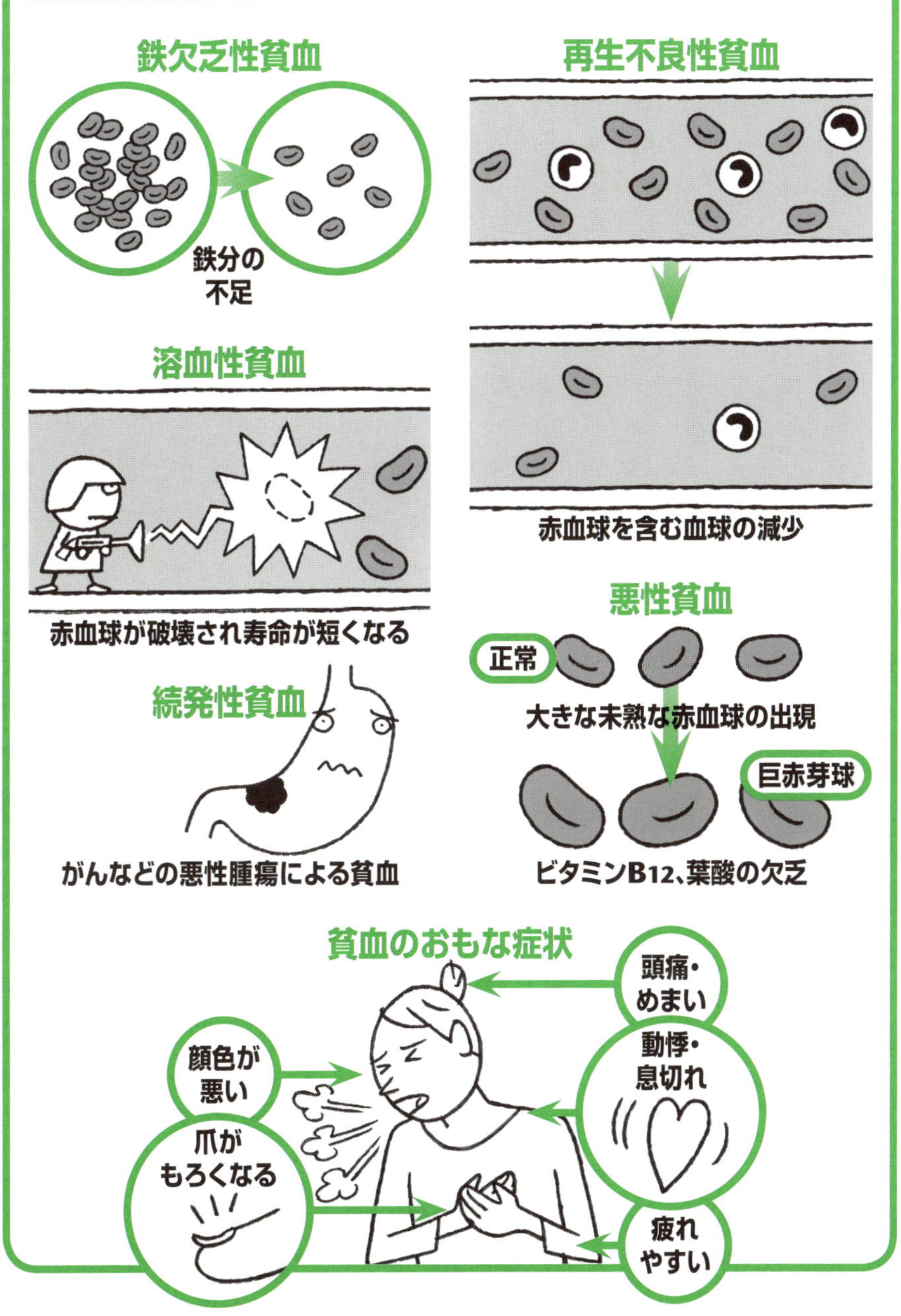
鉄欠乏性貧血
鉄分の
不足
再生不良性貧血
赤血球を含む血球の減少
溶血性貧血
赤血球が破壊され寿命が短くなる
続発性貧血
がんなどの悪性腫瘍による貧血
悪性貧血
正常
大きな未熟な赤血球の出現
巨赤芽球
ビタミンB12、葉酸の欠乏
貧血のおもな症状
頭痛・
めまい
顔色が
悪い
動悸・
息切れ
爪が
もろくなる
疲れ
やすい

23 体の防衛隊、外敵から守る白血球

白血球の増減には注意を払う

白血球は、体内に入った細菌やウイルスなどの外敵から体を守る働きをするということはすでに述べましたが、詳しくいえば**免疫機能を担い、外部から体内に侵入した細菌やウイルスなどの異物を排除します。**

白血球は、造血幹細胞から発生した後に成熟して、顆粒球系とリンパ球系、単球系のいずれかに分化します。**顆粒球系は「好中球」、「好酸球」、「好塩基球」**になります。好中球は血液中に最も多く存在し、細菌を取り込んで殺菌する能力に優れています。好酸球は、寄生虫感染（ダニなど）やアレルギー疾患がみられると増加します。好塩基球はヒスタミンを出し、アナフィラキシーショック、ぜん息を引きおこします。

リンパ球系は「B細胞」、「T細胞」などになります。B細胞は細菌やウイルスが侵入すると抗体をつくり、T細胞は、体を防御するとともに、一度侵入した病原体は記憶して排除します［37ページイラスト参照］。

単球系は白血球中最大で、食作用が強く、移動性に富み、感染がおこるとその組織に移動した後、マクロファージへと分化します。

白血球数の基準値は、年齢や個人差が大きく、血液1ミリ立方メートルあたり成人の場合4000～9000個とされています。

白血球が減少すると体の抵抗力が無くなり、発熱、潰瘍や感染症にかかりやすくなり、再生不良性貧血も疑われます。逆に白血球の数が増えるのは炎症や傷がある場合の防衛反応ですが、異常な増加は白血病などが原因の場合もあり、詳しい血液検査を受けるべきでしょう。

白血球

白血球数で疑われる異常や病気の原因

白血球が減りすぎた場合	白血球が増えすぎた場合
敗血病	白血病
急性骨髄性白血病	細菌感染症
全身エリテマトーデス［SLE］	心筋梗塞
再生不良性貧血	腎盂炎・胆嚢炎
抗がん剤の長期投与	外傷・出血
放射線の照射など	ステロイドの投与など

白血球［顆粒球系］の役割

顆粒球系

- 好中球

菌などの異物を食べて［貪食］、死んで膿［うみ］になる。

- 好酸球

ダニなど寄生虫感染の際に能力を発揮。アレルギー疾患の一因にもなる。

- 好塩基球

ヒスタミンを出し、アナフィラキシーショック、気管支ぜん息の症状につながる。

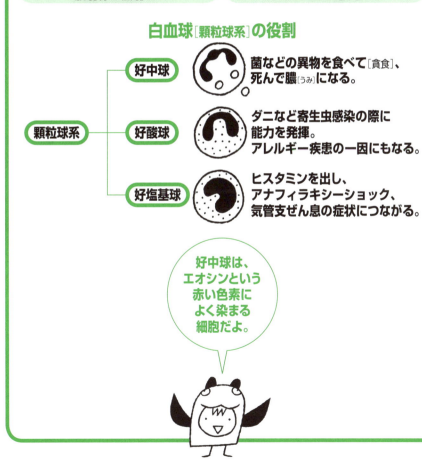

好中球は、
エオシンという
赤い色素に
よく染まる
細胞だよ。

24 血管の補修をする血小板

出血の止血に大きな役割をはたす

怪我などで傷ついたとき、傷が塞がるのは血液の中に「**血小板**」があるおかげです。血小板は造血幹細胞から巨核球となり、細胞質がちぎれて血小板となりますが、その寿命は3～10日ほどです。

血小板は、赤血球や白血球に比べて血管の中央ではなく、血管内皮細胞の傍《そば》を流れています。そのほうが怪我をして血管が傷ついたとき、血小板はすぐに対応することができて都合がいいからです。

止血のしくみには、血小板が働く一次止血といわれるものと、血漿の中の血液凝固因子が働く二次止血といわれるものがあります。

血管が傷ついて血管内皮細胞がはがれると、その下のコラーゲン繊維と血小板は結合（粘着）します。すると、細胞質から他の血小板を集める物質を放出して多くの血小板を集め、今度は血小板同士が結合（凝集）して傷口を塞ぎ血栓をつくります。これが血小板凝集のメカニズムで、一次止血といいます。

二次止血では、血液凝固因子が活性され、血漿中の糖タンパク質の一種であるフィブリノーゲンが「フィブリン」に転換されて、血液はゲル化します。このフィブリンを顕微鏡で観察すると、網目（ネット）状になっていて、血小板やその他の細胞をからめ取り傷口を塞ぐというわけです。

血小板の血液全体に占める割合は1％以下と非常に少ないですが、血液の流出を防ぐという重要な役割を担っています。「**特発性血小板減少性紫斑病**《しはんびょう》**（ITP）**」と「**血栓性血小板減少性紫斑病（TTP）**」などは血小板の減少によって発症する病気です。

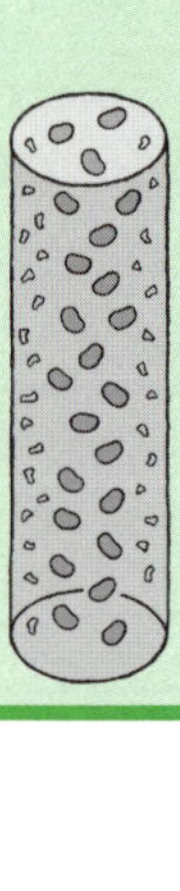

血小板

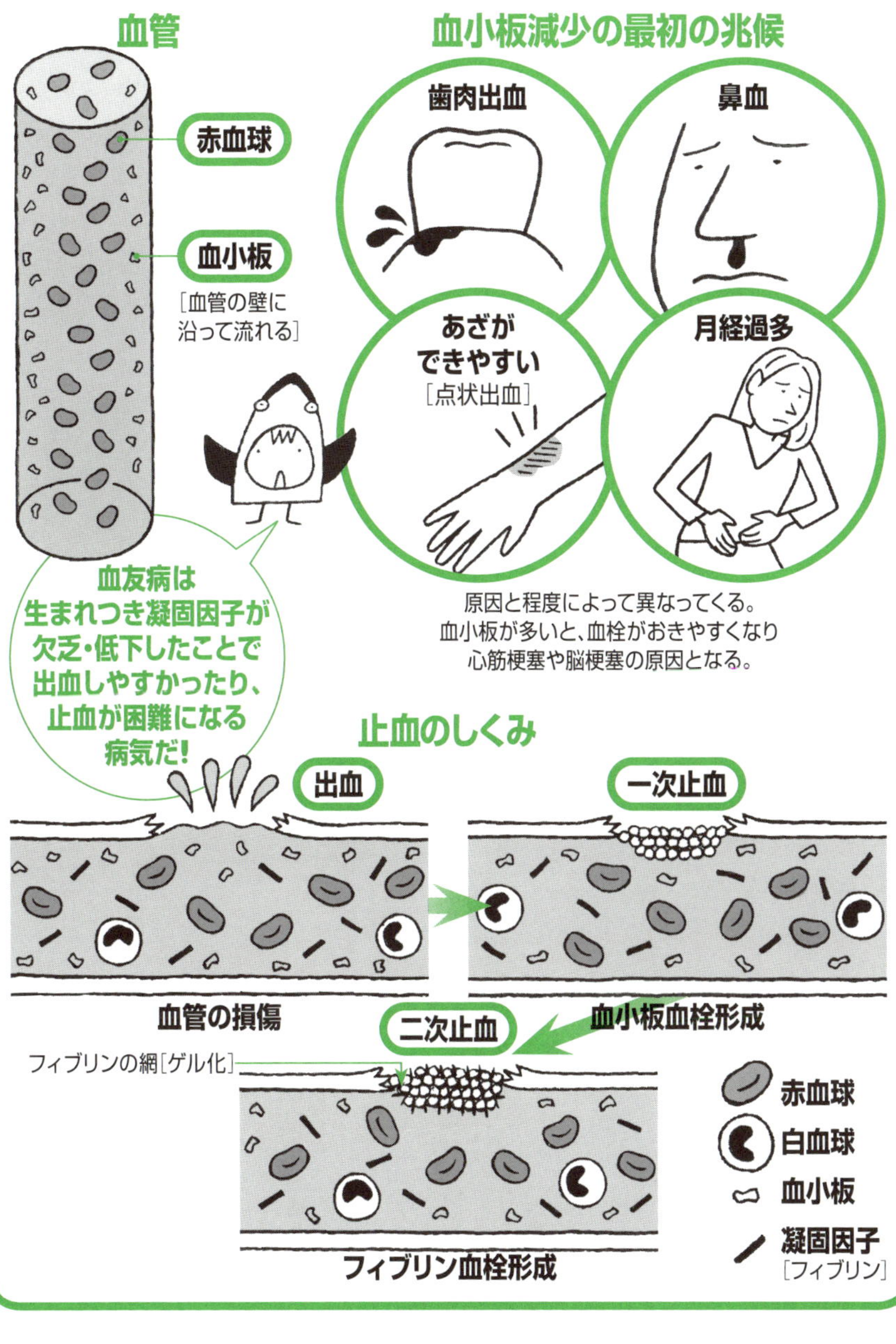
血管
赤血球
血小板
［血管の壁に
沿って流れる］
血友病は
生まれつき凝固因子が
欠乏・低下したことで
出血しやすかったり、
止血が困難になる
病気だ！
血小板減少の最初の兆候
歯肉出血
鼻血
あざが
できやすい
［点状出血］
月経過多
原因と程度によって異なってくる。
血小板が多いと、血栓がおきやすくなり
心筋梗塞や脳梗塞の原因となる。
止血のしくみ
出血
血管の損傷
一次止血
血小板血栓形成
二次止血
フィブリンの網［ゲル化］
フィブリン血栓形成
赤血球
白血球
血小板
凝固因子
［フィブリン］

Column

エコノミークラス症候群

「エコノミークラス症候群」という疾患名を聞いたことがある人は少なくないでしょう。

この疾患は、飛行機のエコノミークラスのような比較的狭い場所で長時間、同じ姿勢で座っていると、脚の静脈の血液が心臓に戻りづらくなって、血液が脚に停滞しやすくなった結果、脚の静脈の血栓（深部静脈血栓症）で血の塊ができてしまいます。

飛行機が目的地に着陸して、急に体を動かすと、静脈にできた血栓が血管壁から離れて血液中を流れ出します。この血栓が細くなった血管で詰まっておこる症状で、胸の痛みや息苦しさを感じます。

例えば、肺に至る血管で詰まってしまうと肺塞栓症になって、最悪の場合、死に至ることもあります。

しかし、このようなことは、別にエコノミークラスだけにおこることではありません。ビジネスクラスであっても、脚の筋肉を動かさない状態が長く続けば、血栓を形成しやすくなります。

要するに、飛行機に乗ることが原因ではなく、脚の筋肉を長時間あまり使わないことが原因なのです。例えば、災害時に、被災者の方々が狭い避難所や車の中で長期の避難生活を余儀なくされたときも、深部静脈血栓症は非常におこりやすくなります。このような環境では、水分の補給を十分にして、たまに脚の運動をすることが大事です。

第4章

知っておきたいがんの特性

わが国の3大死因のトップを占める悪性腫瘍［がん］。
細胞ががん化するしくみや性質に
関する基礎知識を学び、がんの恐ろしい特性を暴きます。

25 がんとは悪性腫瘍の総称をいう

がん細胞は増殖を続け止まらない

全死因の中で1位ということで、いちばん恐れられている病気は何といっても「**がん**」でしょう。

がんの語源は英語の「**cancer**《キャンサー》」でカニという意味です。ギリシャ時代のヒポクラテスの著書にも登場するといいますから、見た目や触った感じから、概念的な意味でつけられたのではないでしょうか。

では、ひらがなの「がん」と漢字の「癌」では違うのでしょうか。ひらがなのがんはもともと学術用語の「癌」が難しく、固い印象を持つので和らげた言い方です。がんは「**悪性腫瘍**」あるいは「**悪性新生物**」を総称します。肉腫・白血病・悪性リンパ腫などすべてを含みます。

腫瘍とは、何らかの原因で細胞が傷ついて塊になり増殖したもので、悪性のものを「がん（悪性腫瘍）」と呼びます。がんの特徴は、「体の細胞が制御を受けずに勝手に、限りなく増殖を続けるもの」です。

さらに、周囲の臓器や組織に食い込むように浸潤《しんじゅん》し、ほかの場所に転移して増殖を続ける性格を持ちます。

上皮以外の組織（非上皮性細胞）から発生するがんを「肉《にく》腫《しゅ》（サルコーマ）」と呼んでいます。 非常に発生頻度は低い稀《まれ》ながんですが、年齢層が広く全身どこからでも発症します。ほかに造血器（骨髄、リンパ）から発生するがんもあります。このように区別する理由は、発生する部位によって性格や効果的な治療方法が異なるからです。

上皮組織というのは、体の表面や消化管などの内腔の表面を覆う細胞のことです。

ただ、脳にできる腫瘍は「**脳腫瘍**」といい、慣例的にがんとも肉腫ともいいません。

がんは悪性腫瘍の総称

脳にできる腫瘍はがんとも肉腫ともいわないで「脳腫瘍」というんだ

悪性新生物とは
悪性腫瘍と同じ「がん」を意味しますが、
死因統計の分野で使われます。
英語でneoplasia、neoplasmなどといい、neoは新しく、plasiaは成長、plasmは形成されたもの、という意味があるので、新しくできて育ったというのが名の由来です。
新生物のほうが腫瘍よりも幅広い疾患概念を持つということでしょう。

がんを英語でCancer［カニ］と言ったのには諸説がありますが、ヒポクラテスが最初に関連させたのが事実のようだ

がん細胞の特徴

アポトーシスを無視、異常増殖
がん細胞は、勝手に増殖を続けて止まらない［32ページを参照］。

栄養の過剰消化
ほかの正常組織の栄養分を奪って、体を衰弱させる。

浸潤と移転
周囲に染み出るように広がる［浸潤］、体のあちこちに散って［移転］、がん組織を拡大する。

無限の分裂能力
テロメラーゼという酵素が活性化し、細胞が無限分裂をおこす［38ページを参照］。

26 腫瘍って何?

良性腫瘍と悪性腫瘍の違い

「がん」「悪性腫瘍」「悪性新生物」は、言葉の由来が違うだけで、一般的にはほぼ同じ意味で使われていることは前述しました。腫瘍は読んで字のごとく「はれたできもの（塊）」を意味し、外から見てわかるものを指す言葉だったと推測できます。多くのがんは固形の塊である腫瘍（固形がん）になりますが、**「白血病」は血液細胞が異常に増殖した病気**で、細胞の塊をつくるわけではありませんので**「血液がん」**といわれます。

また、**「腫瘍」には悪性と良性があり、「悪性腫瘍か、良性腫瘍か」といったときには、「がんか、がんではないか」ということになります。**

良性腫瘍の特徴は、前項の悪性腫瘍（がん細胞）の特徴と比較して、細胞分裂が緩《ゆる》やかで発育が遅く、よく分化しており、膨張性増殖を示します。

気道の内面を覆う腺上皮など**上皮から発生する腫瘍はすべて「上皮性腫瘍」といい、良性なら「腫」をつけ、悪性なら「がん」をつけます。**例えば、腺細胞由来の良性腫瘍なら**「腺腫」**、悪性腫瘍なら**「腺がん」**となります。骨、筋組織などの「非上皮性腫瘍」の種類も多くありますが、この場合は、**良性には「腫」をつけ、悪性には「肉腫」をつけます。**例えば、良性の**「筋腫」**に対して**「筋肉腫」**となります。

肝組織に関しては、良性の上皮性腫瘍はほとんどなく、「肝細胞がん（ヘパトーマ）」は肝細胞に由来するがんで肝臓がんの90%を占め、毎年、日本の男性患者死亡率の5位以内には入っています。骨腫瘍の代表的疾患の「骨肉腫」は、若年者の長管骨の骨幹端部にできやすく肺転移をおこしやすい特徴があります。

良性腫瘍と悪性腫瘍

良性腫瘍		悪性腫瘍＝がん［悪性新生物］
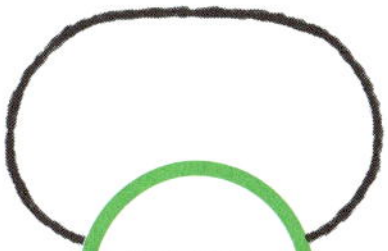		
膨張性	性質	浸潤性
遅い	発育	速い
高い	分化度	低い
しない	転移	しやすい
緩やか	細胞分裂	活発

発生部位による悪性腫瘍の種類

上皮細胞から発生する

肺がん・胃がん・大腸がん・肝臓がん・子宮がん・咽頭がんなど

非上皮性細胞から発生する

骨肉腫、軟骨肉腫、ユーイング肉腫、脂肪肉腫、平滑筋肉腫など

造血器から発生する

白血病、悪性リンパ腫、骨髄腫など

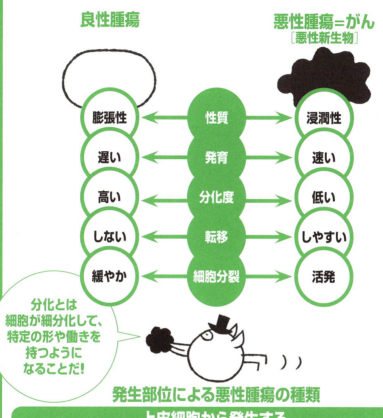

27 がんにはどうしてなるの？①

多くの要因で正常な細胞が傷ついていく

正常な細胞は、1個の細胞が2個に分かれるという分裂を繰り返しながら数を増殖していき、やがて、古くなった細胞は死んでいきます。

しかし、喫煙、飲酒、紫外線、食習慣、ウイルス、C型肝炎ウイルス、遺伝的要因などによって、**細胞の遺伝子が傷つくと、細胞はどんどん分裂を繰り返しますが、細胞が死なくなることがあります。これががん細胞です。がん細胞は、周りにある細胞を破壊しながら広がり（浸潤）、遠くの場所に移動します（転移）。**浸潤の程度によって、「**早期がん**」、「**進行がん**」というように区別されます。

私たちは普通、毎日数千個の細胞の遺伝子が傷ついていますが、免疫力・自然治癒力により排除することができるので、遺伝子が傷ついたからといって、すぐにがんになるわけではありません。がんの種類によって異なりますが、遺伝子の突然変異がひとつの細胞に2～10個程度生じるとがんになるといわれています。変異が蓄積する必要があるのです。

がんになるにはがん化を促進する遺伝子の出現、がん化を抑制する遺伝子の異常、がん化につながる遺伝子の異常を修復するシステムの異常などが組み合わさり発生すると考えられています［68ページ参照］。これには、**生まれつきの体質、発がん物質やウイルスの感染など、さまざまな環境因子が影響してきます。**

良性腫瘍では、発生した元の細胞である母細胞は完全に機能分担が明確な細胞に成熟します。一方、悪性腫瘍には形がゆがんだりする異型性が強くみられます。この形の違いががんの悪性度の目安になります。

がんの発生・進行のしくみ

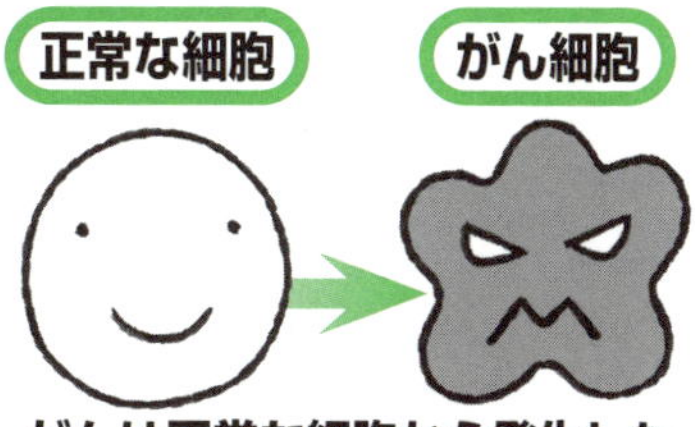

がんは正常な細胞から発生した
異常な細胞の“塊”。
がんになるには
いくつもの変異の蓄積が必要。

がん細胞は
1日数千個できるといわれている
＊学説によって
1日5000個できるとされている。

がんができても
見つかるまでは
10～20年かかる。
長生きすれば、
当然がんも
増えるのだ！

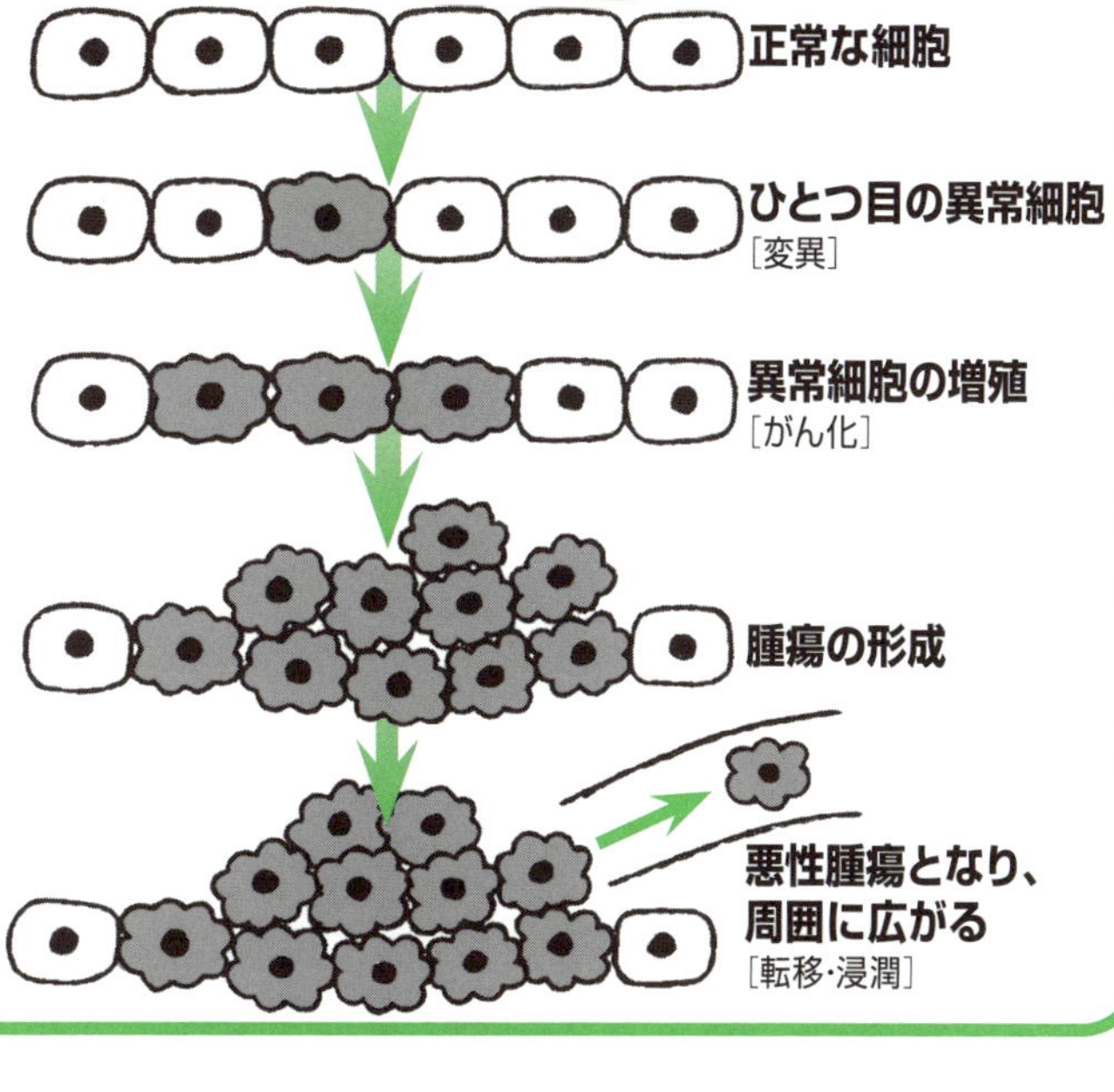

28 がんにはどうしてなるの？②

がん遺伝子とがん抑制遺伝子のバランスが大事

正常な細胞にあって、がん化に直接関わり合いを持つ遺伝子を「**ドライバー遺伝子**」と呼んでいます。ドライバー遺伝子にはがん化を促進する「**がん遺伝子**」と細胞の増殖を抑える「**がん抑制遺伝子**」の2種類があり、複雑に関与しています。

「**がん遺伝子**」**とは、ある正常な遺伝子が構造や機能に異常をきたし、その結果、正常細胞のがん化を引きおこす遺伝子です。**このがん遺伝子はもともとわれわれの体の中にあるとされ、それらを「**がん原遺伝子**」と呼んでいます。

一方、**抑制遺伝子は、突然変異遺伝子の作用を抑えて、正常にする遺伝子です。**機能を代行するものと、情報の翻訳に作用して、突然変異遺伝子の発現を抑制するものとに大別されます。健康な人はこうした遺伝子のバランスがうまく保たれているので、がん細胞を抑止し、増殖することはありません。

ところが、抑制遺伝子の機能が低下すると、アポトーシス〔詳細は32ページ参照〕**の機能がおきるべきときにおこらなかったり、予定以上にアポトーシスがおきてしまう場合があり、有害となる細胞が除去されずがんの発生原因となるのです。**また、命の回数券といわれた「**テロメア**〔詳細38ページ参照〕」を維持する酵素テロメラーゼが細胞老化を回避して、がん細胞を無限に増殖させてしまいます。がんの発生過程では、ゲノムが〔22ページ参照〕不安定になり、変異がおこりやすくなるため、がんの発生には無関係な遺伝子にもランダムに変異がおこることが知られています。これを、「**パッセンジャー遺伝子**」といいます。

がん抑制遺伝子の機能

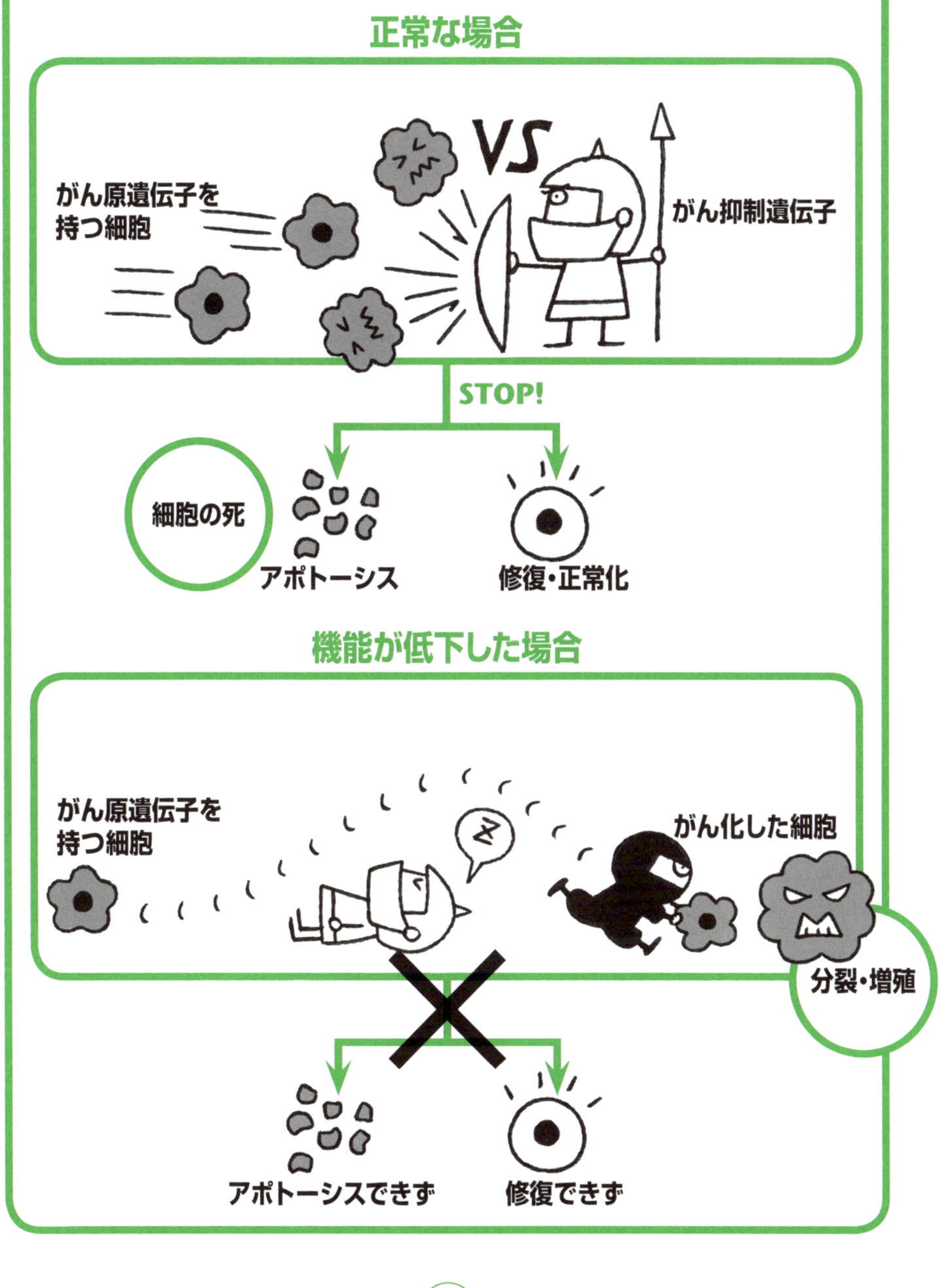

正常な場合
がん原遺伝子を
持つ細胞
VS
がん抑制遺伝子
STOP!
細胞の死
アポトーシス
修復・正常化
機能が低下した場合
がん原遺伝子を
持つ細胞
Z
がん化した細胞
分裂・増殖
アポトーシスできず
修復できず

29 身の回りの発がん物質

喫煙・飲酒・ウイルスなど危険がいっぱい

がんが発生する外因としては、喫煙、飲酒、食物（牛・豚・羊）、化学物質（発がん物質ともいわれる）・環境汚染、ウイルス、放射線などがあります。また、内因としては、年齢、体格、遺伝子（家族性腫瘍）などいろいろあります。

ある職業についている人たちに多く発症するがんを**「職業がん」**といいます。世界で最初に発見された職業がんは、１７７５年にイギリスで発見された煙突掃除人のばい煙による陰のうがんでした。日本では１９３６年のガス炉工による肺がんが最初でした。

職業がんは、発がんを誘発する化学物質に直接触れたり、そのような環境で吸入したりすることで発症することが多くあります。そのため、皮膚、肺、膀胱など、発がん物質が接触、吸入、排出される経路に多くみられます。近年、印刷会社で働く従業員に多発する胆管がんを、厚生労働省が「職業性胆管がん」として認定しました。

そもそも人類はいつごろからがんに悩まされてきたのでしょうか。**世界最古のがんとしては、南アフリカのスワートクランズ洞窟で発掘された160～180万年前の古代人類の足の指が「骨肉腫」にかかっていたという報告があります。**これまでに発見された化石からがんが見つかった例は非常に少なく、今のところ、古代人類が発症した最初のがんといわれています。簡素な食事や現在の社会のように汚染されていない環境でもがんになったということは、がんの元である発がん物質が人間自身の体にあったと考えられます。

発がん物質には、直接的にがんを誘発する物質と、間接的にがんに変身する物質があります。間接的というのは、体内で代謝を受けて発がん性のあるものになる物質で、本来なら毒物を無毒化するはずの酵素が、逆に発がん性のある物質をつくってしまうことがあります。直接的にがんを誘発する物質は「抗がん剤」です。DNAに結合してがん細胞を殺しますが、正常な細胞まで影響を及ぼす抗がん剤もあるのです。**このように抗がん剤や放射線による治療が原因でなるがんを「二次性発がん」といいます。**

「**放射線発がん**」は、ある量を被《ひ》曝《ばく》したら必ず発症するというものではなく、突然変異を介した確率的な問題ですから、調査対象の数が多いほど正確になります。**「紫外線」も放射線の一種です。DNAを傷つけることによって発がんの原因になります。** 波長の長いUV-Aはエネルギーが弱いのですが、UV-Bは皮膚を赤くするような日焼けとDNAの損傷を引きおこし、皮膚がんを引きおこすとされています。

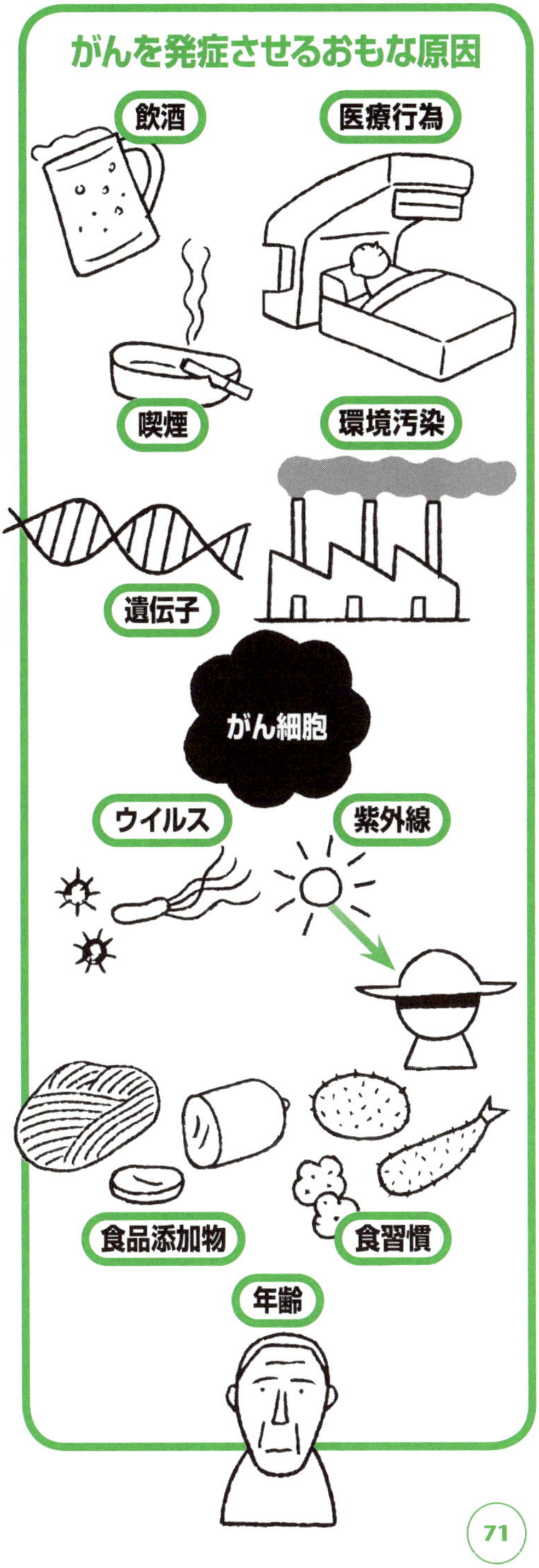

30 がんのステージって何？

がんの大きさや転移状況を数値で表す

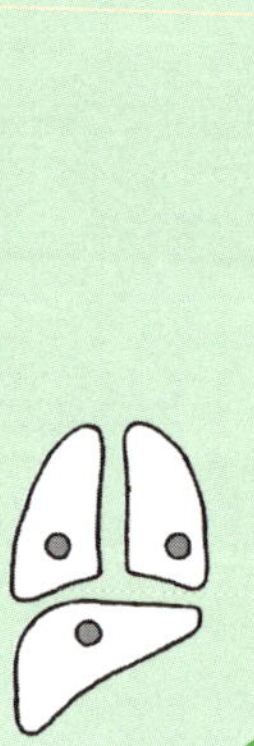

がんの進行具合を段階的に分けたものを「**病期分類**」または「**ステージ分類**」といいます。

基本的には、がんの大きさと広がりによって分類しますが、臓器や組織によって分類方法が違います。

代表的なものは、国際対がん連合（ＵＩＣＣ）の定めた「**ＴＮＭ分類**」です。**がんの広がり・深さ（T=tumor）、リンパ節への転移と広がり（N=node）、ほかの臓器への転移（M=metastasis）の頭文字をとっています。この３つの要素を組み合わせて、０期～Ⅳ期（ステージ０～Ⅳ）の５段階に分けています。**Ⅳ期に近いほど進行しているがんということになります。このＴＮＭ分類によって集められた日本のみならず世界中の患者さんたちのさまざまなデータは、**術後の治療法の選択などに役立てられるのはもちろん、統計データとしても蓄積されて、次の世代の患者さんの診断や、その時点での最も効果的と考えられる治療方法の選択、今後の経過や予後の予測にも役立てられることになります。**

しかし、数値データというものは、見た目の判定も含めて、必ずあいまいさはあります。でこぼこした腫瘍は計る場所によって誤差が出ますし、手術で切り出した腫瘍の断面も、面が変われば直径も簡単に変わってきます。したがって、検体検査結果を判読する場合、結果はファジーなものとして常に意識しなければなりません。分類を絶対とは考えず、病理医は参考データとして重要視するのです。

それでも、総数が増えれば統計上、偶然生じた差ではないという確認（有意差検定）ができるわけで、根拠のない結果が導き出されるという心配はありません。

TNM分類法とは?

T がんの広がりと深さ

N リンパ節への転移

M ほかの臓器への転移

それぞれの項目を数値化し、組み合わせてステージを決める。
進行度を示すステージの数字が小さいほどがんは狭い範囲にとどまり、
初期症状といえる。ステージは、がんの治療をするうえでの判断材料となる。

ステージとは、
がんの
進行度を表し、
病期とも
いわれる

大腸がんのステージ例

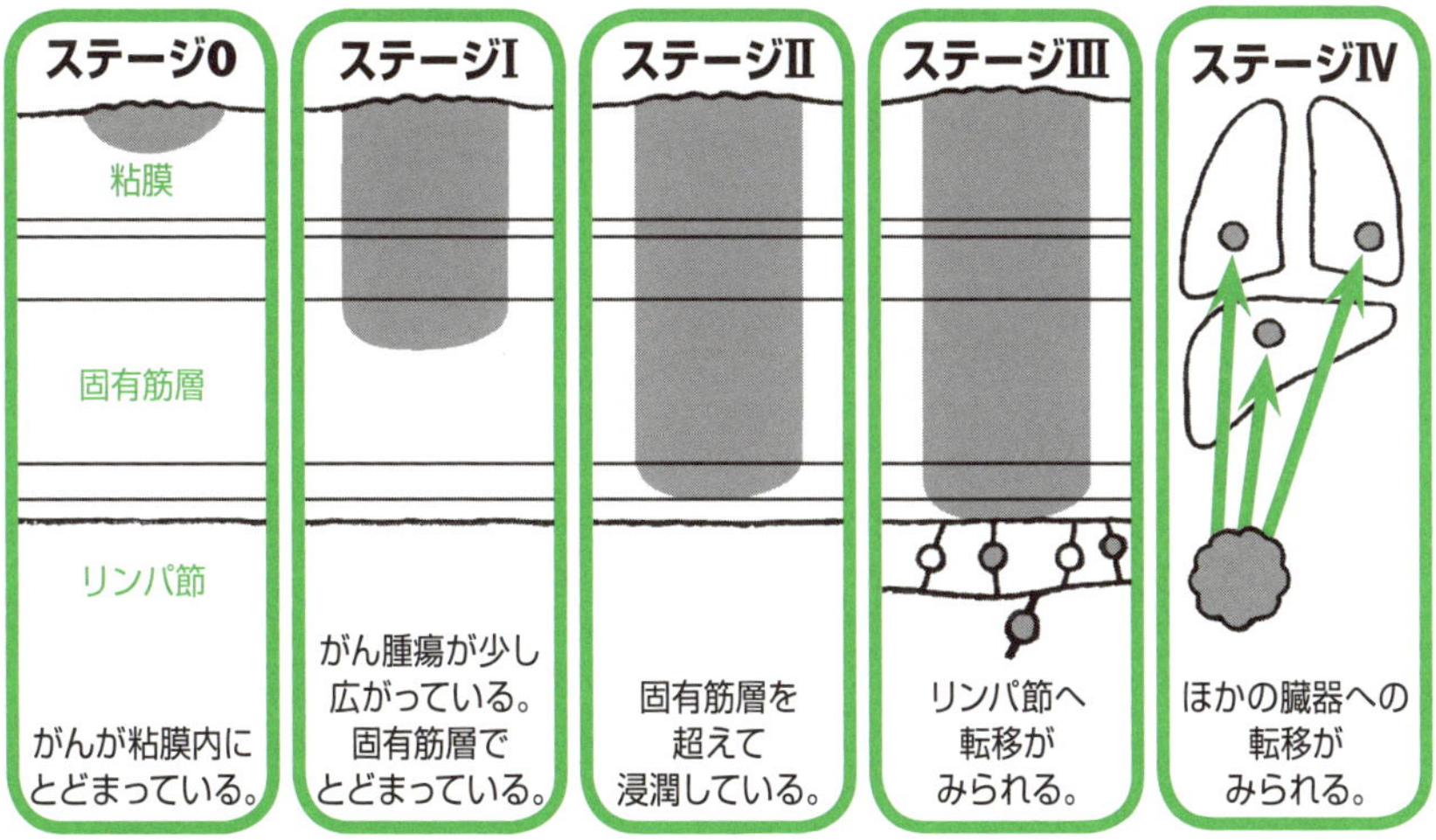
ステージ0
粘膜
固有筋層
リンパ節
がんが粘膜内に
とどまっている。
ステージⅠ
がん腫瘍が少し
広がっている。
固有筋層で
とどまっている。
ステージⅡ
固有筋層を
超えて
浸潤している。
ステージⅢ
リンパ節へ
転移が
みられる。
ステージⅣ
ほかの臓器への
転移が
みられる。

31 がんは遺伝するの？
女優アンジェリーナ・ジョリーの場合

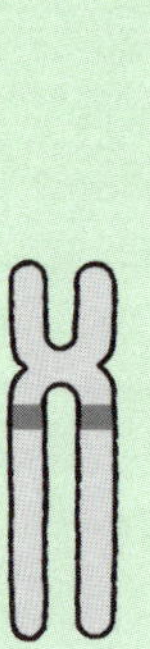

２０１３年、アメリカ映画女優のアンジェリーナ・ジョリーが乳がんの予防のために健康な両側の乳腺を切除する手術を受け話題になりました。

母親は乳がんを患《わずら》い卵巣がんで死亡、祖母は卵巣がん、叔母は乳がんで亡くなっています。これは「**遺伝性乳がん・卵巣がん症候群（HBOC）**」が考えられ、遺伝的にがんが罹患《りかん》しやすくなります。**傷ついたDNAを修復する働きがある、がん抑制タンパク質を生成する遺伝子の「BRCA1」と「BRCA2」を持ち、これらの遺伝子に変異があると不安定性が引きおこされ、発がんの可能性が高くなります。**

どちらも常染色体の遺伝子ですが、片方に変異があるだけで発がんのリスクが高くなります。

アメリカの統計では、全女性の12％が一生のうちに乳がんを発症する可能性があります。一方、ＢＲＣＡ１に変異があるとほぼ６割が、ＢＲＣＡ２に変異があると５割弱が、70歳までに乳がんを発症するとされています。

卵巣がんに対する影響はもっと大きく、ＢＲＣＡ１に変異があると約４〜９割が、ＢＲＣＡ２に変異があると６割強が卵巣がんを発症する可能性があります。

アンジェリーナ・ジョリーの場合、乳がんで亡くなった叔母と同じく、ＢＲＣＡ１の遺伝子に異常が見つかり、医師から乳がんになる確率が87％であると診断されたことがきっかけとなりました。

乳腺切除の手術後、『ＴＩＭＥ（タイム）誌』に「乳がんは早期発見が比較的しやすいので、予防的手術なら卵巣にすべきではないか」という、なかなか鋭い指摘の記事が載りました。それから2年後、アンジーは、初期の卵巣がんを疑わせる検査結果が出たことをうけて、卵巣、卵管の予防切除の手術に踏み切りました。がんは環境要因や遺伝的要因に対する認識も大事ですが、**一生の間にがんになるリスクは男性で62%、女性で47%ですから、およそ2人にひとりはがんになる可能性があります。**

人生100年といわれる長寿時代では、親戚にがんが多いというだけで、がんになる確率が高い「**家族集積性**」と判断するのは難しいところです。今や、治療方法の種類が増えて複雑になり、その上、インフォームドコンセントをうけて治療の方針は自分で選択しなければならない時代です。正しい基本的な医学知識は持っておく必要があるでしょう。

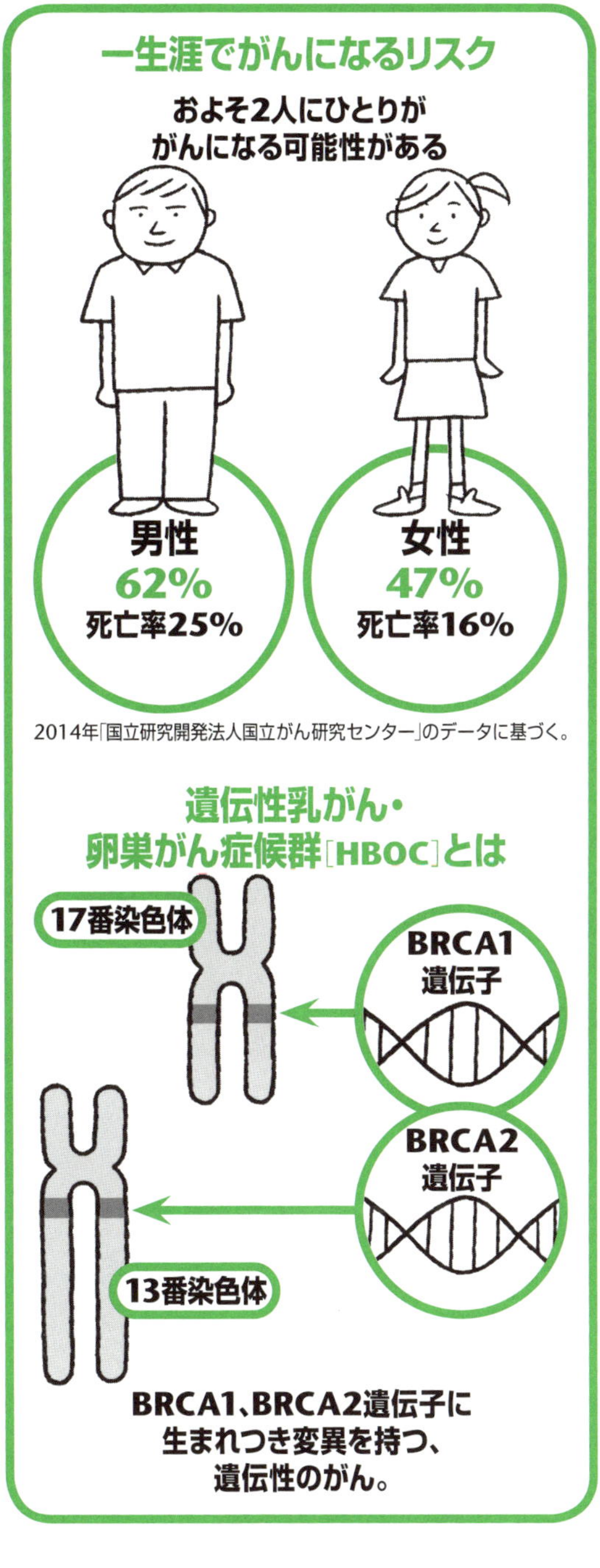

32 進むがんゲノムの解析

次世代シーケンサーを用いた治療法

がんの全遺伝子配列、すなわち「**がんゲノム**」**は**「**次世代シーケンサー**（**シークエンサー**）」**と呼ばれる新しい機器の開発によって、遺伝子の塩基配列を高速で読み出せるようになり、飛躍的にがん医療の研究がすすんでいます。**ちなみに、この機器によって、最大6日間で約1兆個の塩基配列を解読できるのです（ヒトゲノムの10人分相当）。

がん細胞にはたくさんの突然変異がみられますが、次世代シーケンサーの開発により、このがん細胞の異常の全体像が明らかにされつつあります。それは、悪性腫瘍の種類によって、突然変異の数が異なっているだろうということです。

例えば、10個程度の変異で発症するといわれている急性骨髄性白血病ですが、肺がん（約150個の突然変異がある）に比べるとかなり少ないことがわかりました。肺がんはタバコによって細胞が傷つくので変異が生じやすいのが原因と考えられています。

悪性腫瘍における変異は、その発症に直接関与するドライバー遺伝子と変異に直接関係のないパッセンジャー遺伝子があることは前述しました［68ページ参照］。ドライバーは運転手、パッセンジャーは乗客で車を走らせるにはドライバーのみが関与しているのと同様に、遺伝子の変異にもドライバー遺伝子が重要な役割をはたしているとされています。

研究途上ですが、ある研究論文でドライバー遺伝子に3つの遺伝子異常があるとがんになるという報告がなされ、また、単なる乗客だったパッセンジャー遺伝子にも新たなる変異への関与の可能性も考えられるなど、ゲノム解析による今後の研究が待たれます。

ドライバー遺伝子はおおよそ200種類があるとされていますが、これもゲノム解析でわかったことです。

近年、次世代シーケンサーの開発が大きな要因となり、この異常遺伝子を標的に、患者ごとの治療法を探る精密医療「がんゲノム医療」が注目を浴びています。

この治療法は、生体検査や手術などで採取されたがん組織を用いて次世代シーケンサーで、1度に多数のがんにかかわる遺伝子の変異を調べる「**パネル検査**」を行い、解析結果を複数の専門家で検討し遺伝子変異に効果のある薬を探し、臨床試験などを経て行う「**薬物療法**」です。

現状では治療を受けるには、原発不明がんなどの標準治療がない患者さんなど資格が限定されていますが、遺伝子検査の保険適用も決まり、今後ますます加速しそうです。

33 免疫阻害剤オプジーボとは？

ノーベル生理学・医学賞、本庶佑氏の発見

2018年、京都大学特別教授の本庶《ほんじょ》佑《たすく》氏がノーベル生理学・医学賞をアメリカテキサス大学のジェームズ・アリソン教授と共同受賞しました。

受賞理由は、**本庶教授が1992年にがんを攻撃する体の免疫系にブレーキをかけるしくみをつきとめ、そのブレーキを解除する「免疫チェックポイント阻害剤（オプジーボ・一般名はニボルマブ）」の開発に大きく貢献したことでした。**それでは、オプジーボの働きについてもう少し詳しく説明しましょう。

人間の体にはがん細胞を攻撃する免疫機能が備わっています。しかし、がん細胞は免疫の攻撃に対してバリアをつくり、免疫からの攻撃をブロックして免疫の働きを抑制してしまうのです。

また、自らの免疫反応を抑制するしくみも備えています。**がん細胞は、この免疫を抑制するしくみを利用して、免疫細胞（T細胞）の表面の「免疫チェックポイント」にある「受容体（PD-1）」に〝異物を攻撃するな〟〝免疫を抑制せよ〟という命令を受け取るタンパク質の「受容体（PD-L1）」を結合させ、免疫細胞ががん細胞を攻撃しないように偽物の信号を送ります。**

つまり、逆にがん細胞が免疫チェックポイントに結合しないようにすれば、がん細胞の周囲にある免疫細胞が、がん細胞に対する攻撃の手を緩めることなく攻撃し、がん細胞をやっつけてくれるのでは――このような考えから「免疫チェックポイント阻害剤」が開発されたのです。

このオプジーボは阻害剤ですから、直接がん細胞を攻撃する薬ではありません。

しかし、オプジーボを適切に投与することで、自己の免疫力そのもので、がん細胞を攻撃することができるようになるのです。

それまで打つ手立てがなかった進行したメラノーマ（悪性黒色腫）などに対する治療の選択肢となり、肺がん、胃がんなどへの適用も拡大され、期待が寄せられています。

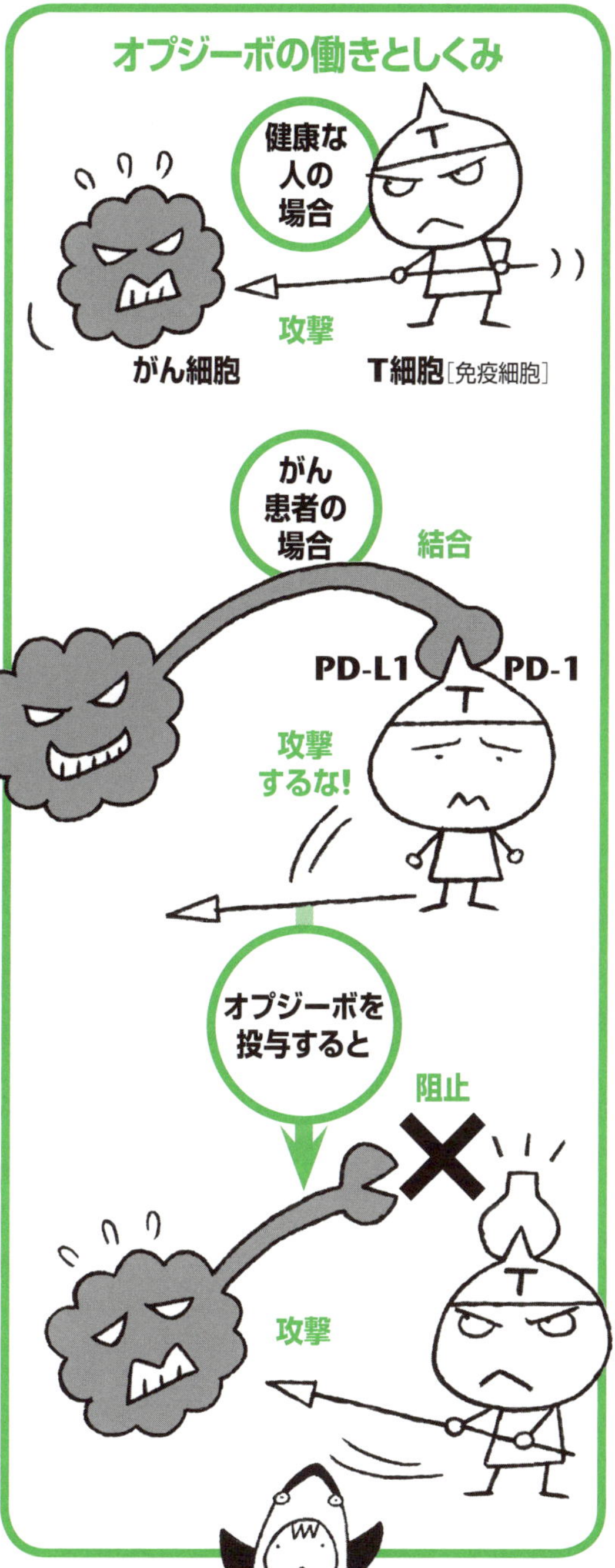

現在はまだがんの種類も限られていますが、科学療法などに続く第4の治療法として研究開発がすすめられています。

なお、PD-1はProgrammed Cell Death「細胞のプログラムの死」からきており、1992年に本庶氏の教え子の石田靖雅氏（現奈良先端科学技術大学院大学准教授）が名づけたものです。

Column

ニオイで発見するがん探知犬

災害救助犬や麻薬探知犬の活躍はよく知られていますが、ニオイでがんを発見する「がん探知犬」の研究がすすめられています。

千葉県館山市にある「がん探知犬育成センター」では、犬に地道な訓練を重ね、訓練を受けている犬ががんを探しあてる確率はほぼ100％に達したといいます。2011年、がん探知犬の論文がイギリス医学誌に掲載されて、話題となり、今では13ヵ国でがん探知犬の実験や育成が行われています。

山形県金山《かなやま》町は胃がんによる女性の死亡率が全国1位ということもあって、日本医科大学と連携し、全国で初めて、2017年と18年に定期健診を受ける町民を対象に、探知犬による無料のがん検査が行われ、がん患者の早期発見に寄与しました。

犬が嗅ぎ分けているがん特有のニオイ分子を特定する研究もすすめられています。

がん探知犬は、放置すればがん化する可能性のある前がん状態のがんまで発見できるといいます。苦痛を伴う検査もなく、時間の制約もなく、費用も比較的リーズナブルで、手軽に受けられることが利点となっています。早期発見により、治療の選択肢は広がり、治癒の可能性も高まります。

犬の嗅覚ががん検査を劇的に変える日が来るかもしれません。

第5章

いろいろあるがんの種類と原因

がんの症状はその罹患部位によって違います。
どんながんでも早期発見と早期治療が大事。
各部位別のがんの症状と原因を知って、
がんに関する認識を深めます。

34

子宮の入り口にできる子宮頸がん

ヒトパピローマウイルス(HPV)の感染

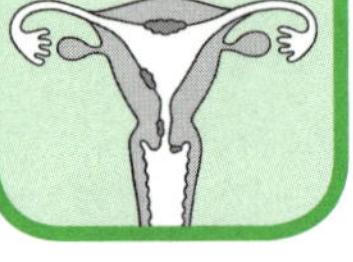

20～40歳と比較的若い女性に多くみられるのが「子宮がん」です。子宮がんには「**子宮体がん**」と「**子宮頸《けい》がん**」があり、子宮体がんは子宮内膜がんといわれるように子宮内膜から発生します。

子宮頸がんは子宮の入り口近くの頸部にでき、早期発見すれば比較的治療のしやすいがんです。初期にはほとんど症状がなく、出血、おりものの増加などがみられます。**発症には、「ヒトパピローマウイルス（HPV）」の感染が強く関連しています。HPVは、性交渉で感染することが知られているウイルスです。**

ヒトパピローマウイルスは百種類以上あるのですが、子宮頸がんの原因となるのは15種類程度で、特に16型や18型といわれるヒトパピローマウイルスが、がんのリスクを上げることがわかっています。

この型のウイルスは肛門や性器のがん、口やのどなどの咽頭《いんとう》部のがんも引きおこします。

ヒトパピローマウイルスはDNAウイルスの一種ですが、二重らせんの発見者のひとりジェームズ・ワトソンは、がんの原因となるヒトパピローマウイルスをはじめとするDNA腫瘍ウイルスの研究は、発がん機構の解明に大きく寄与するはずだと予言しました。

ヒトパピローマウイルスはいろいろなメカニズムで発がんを促進するように機能するE6、E7という遺伝子タンパクを持っています。

しかし、高発がん性のヒトパピローマウイルスであっても、感染したら必ず発生するというわけではありません。感染した上に、さらに何らかの突然変異が生じた結果、がんになるのです。

念のため正しておきたいのは、**子宮頸がんワクチンはがんに対するワクチンではありません。子宮頸がんの原因となるヒトパピローマウイルスの感染を予防するためのワクチンです。**ですから、子宮頸がんワクチンではなく、本当はヒトパピローマウイルスワクチンと呼ぶべきでしょう。このワクチンを接種すれば子宮頸がんの約7割は予防できると考えられています。

一定以上の割合の人がワクチンを接種すると、ワクチンを接種していない人への感染率も低下して、感染の蔓延《まんえん》を防ぐ効果も出てくるので、社会防衛にも大きな意義があるとされています。

日本では、2013年から定期接種されました。しかし、いくつもの副作用の報告がなされ、厚労省が積極的な接種を控える政策をとることになり、現在もその状態が続いています。**接種によるメリットと副作用のリスクを確率的に考えて、最終的に個人で判断するしかありません。**また、子宮体がんの発生には、卵胞ホルモン（エストロゲン）という女性ホルモンが関与しています。

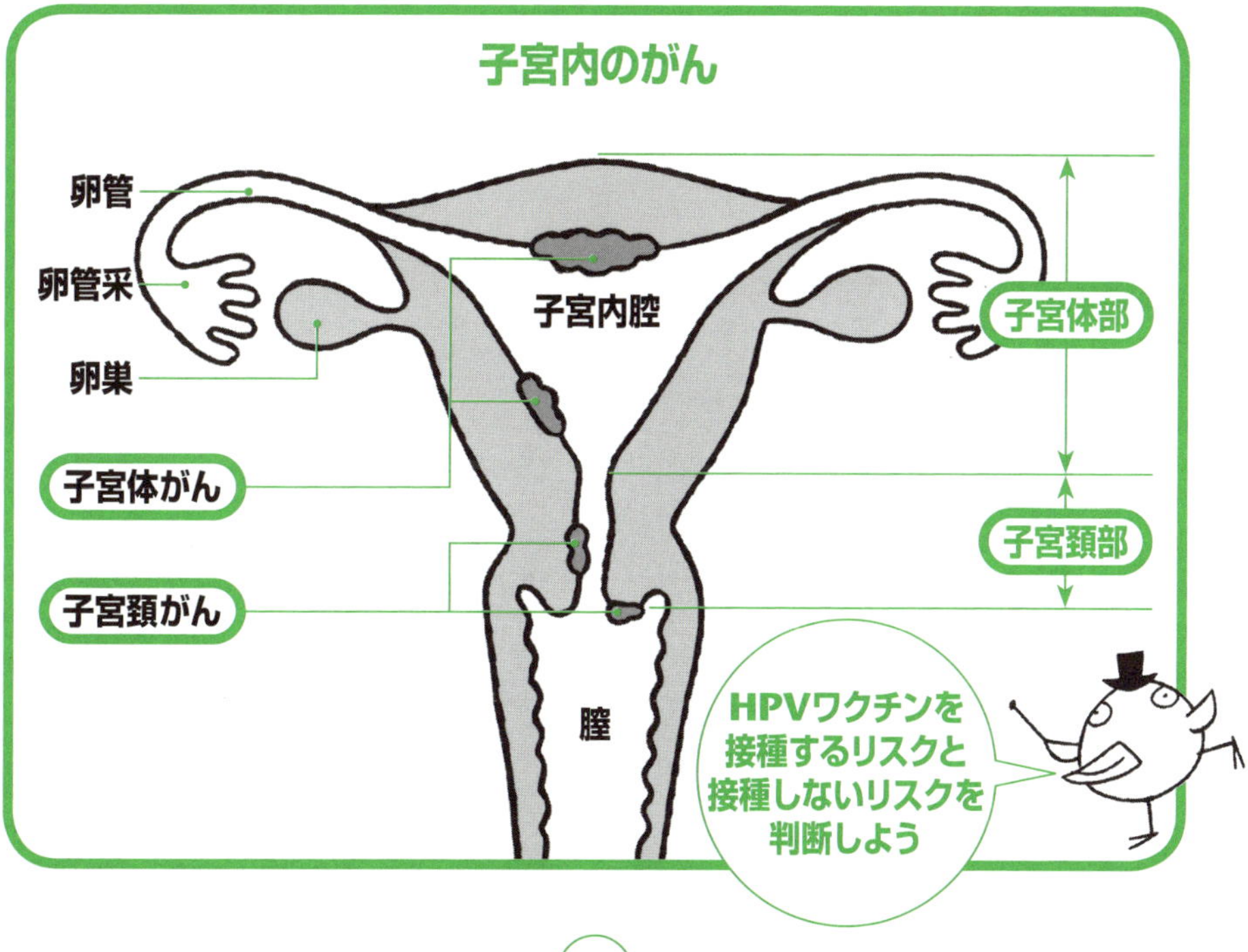

35 乳がんは乳腺に発症する悪性腫瘍

女性ホルモンの「エストロゲン」が関与

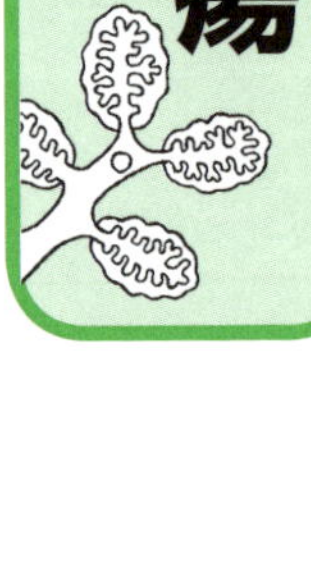

がんの中で女性の罹患率が一番高いのが「**乳がん**」です。乳がんは、乳腺組織の細胞が悪性化したもので、「**非浸潤がん**」と「**浸潤がん**」に分けられます。非浸潤がんはごく早期のがんで転移をおこしていないので、ほぼ完治できる可能性があります。

発生には女性ホルモン（卵胞ホルモン）の「エストロゲン」が大きな因子となっています。つまり、エストロゲンの分泌期間が長くなれば、それだけ乳がんの発生率が高まるということです。

エストロゲンは月経に関わるホルモンなので、「月経が始まった年齢（初経年齢）が低い」「最初の妊娠年齢が高い」「妊娠・出産歴がない」「閉経年齢が高い」などの状況によって、その分泌期間は長くなり、がんにかかりやすいとされます。

また、エストロゲン製剤やピルなどのホルモン療法を受けている場合は、エストロゲンの高い状態を人工的につくり出すことになるので、乳がんの発生率が上がる可能性があります。**アルコール摂取や肥満も乳がんの要因になるとされています。**

がんと遺伝に関しては、生涯にがんと診断される確率は約2分の1（国立がん研究所統計）といわれていますので、一概に遺伝性を論じることはできませんが、**乳がんは発症した人の約7～10%に遺伝的要因が大きく関与しているといわれます。乳がんの抑制遺伝子（BRCA1、BRCA2）の変異によるものです**［詳細は74ページ参照］。乳がんはまずは、しこりの大きさ、腋窩《えきか》リンパ節腫の有無を触診で調べ、がんが疑われた場合は、「**マンモグラフィ（乳房X線検査）**」による検査を行います。

乳房の構造と乳がんの発症

女性の乳房

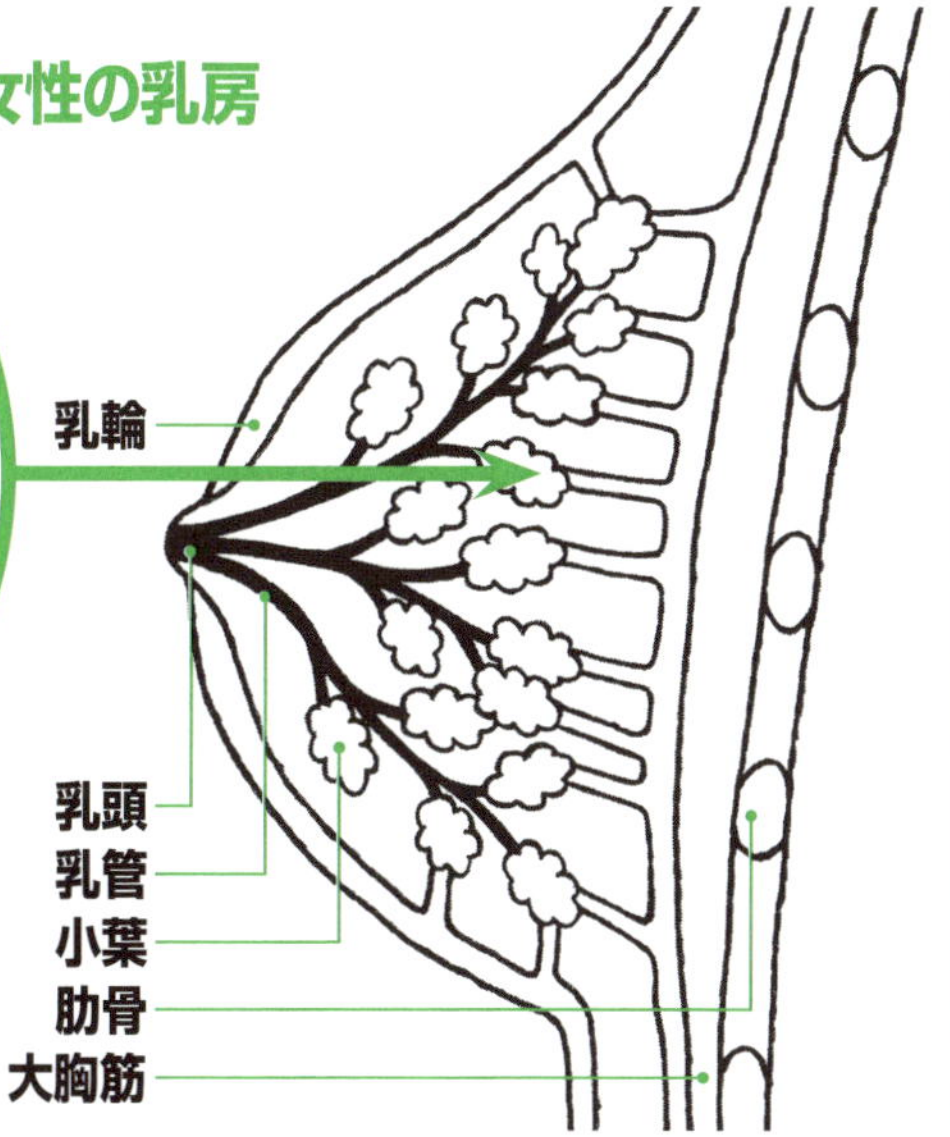

浸潤がんとはがん細胞が
周りの組織へ入り込み増殖したがん。
非浸潤がんとは乳管以外の組織に
広がっていないがん。

乳がんになりやすい人

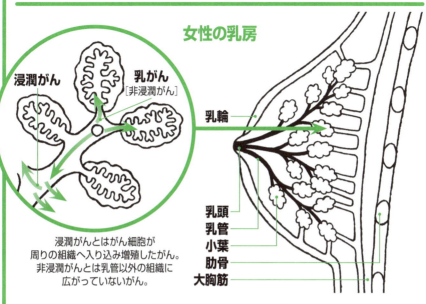

36 男性の罹患率第1位の肺がん

喫煙と受動喫煙が大きな要因

日本でのがんによる死亡者数はほかの病気や原因を上回り第1位で、2017年の死亡数は約37万人（国立がんセンター統計）にのぼるといいます。

その中でも、特に、肺がんの罹患率《りかんりつ》は男性で1位、女性で3位になっています。

肺がんは、肺の細胞の中にある遺伝子に傷がつき、変異することで生じます。**傷をつける原因にはいろいろあって、代表的なものでは「喫煙と受動喫煙」、アルミニウム、ヒ素、アスベストなどが知られています。**

受動喫煙とは、喫煙者が吸っているタバコの煙を周囲の人が吸うことで、特に副流煙（火をつけたまま放置されているタバコの煙）に有害物質が多く含まれます。

生まれつき遺伝子に傷があってがんになる人はごく稀です。

肺がんは、早期ではほぼ無症状ですが、進行するにつれ、咳、痰《たん》、血痰、発熱、呼吸困難、胸痛などの症状が呼吸器に現れます。ただ、これらの症状は肺がん特有のものではないため、他の呼吸器疾患と区別がつきにくいところがあります。

タバコを吸う人と、吸わない人を比べてがんになる確率は男性でおよそ4～5倍、女性では3倍近くになります。タバコを吸わない受動喫煙者も含めるともっと多くなるはずです

これは肺がんだけではなく、喫煙がさまざまながんの原因となることを示しています。

肺がんを組織型で分類すると、「小細胞がん」と「非小細胞がん」の2つに分けられます。非小細胞がんが肺がん全体の約85%を占め、さらに「腺がん」「扁平《へんぺい》上

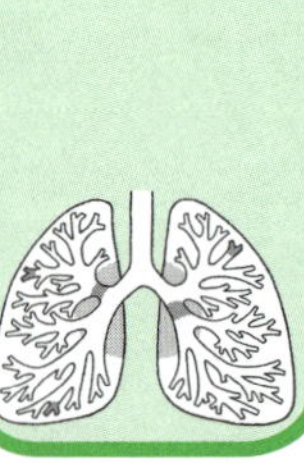

皮がん」「大細胞がん」に分けられ、最も多いのは腺がんです。

肺がんが発症する部位で大きく分けると、「**肺門部**《はいもんぶ》」と「**肺野部**《はいやぶ》」になります。肺門部は肺の入り口の太い気管支のことで、扁平上皮がんが多く、肺野部と呼ばれる気管支の抹梢《まっしょう》から肺胞のある肺の奥の部分には、腺がんという種類のがんが大部分です。

肺野部の腺がんは女性に多い肺がんで、症状が出にくく、肺門部の扁平上皮がんと小細胞がんは喫煙との関連が大きく、小細胞がんは転移しやすいといわれています。また、肺野部の大細胞がんは増殖が速い傾向があります。

肺がんの治療には、手術、抗がん薬治療、放射線療法のほか、第4の治療法として、体内の免疫の活性化を持続する「免疫チェックポイント阻害剤［78ページ参照］」が注目を浴びています。

37 胃がんの原因となるピロリ菌の感染

感染源は飲み水や食物から

胃がんは、胃の壁の内側を覆う粘膜の細胞が何らかの原因でがん細胞になり、増えていくことで発症します。**この変化には「ヘリコバクター・ピロリ（ピロリ菌）」という細菌が大きく関わっています。**世界保健機関（ＷＨＯ）の外部組織である**国際がん研究機関（ＩＡＲＣ）**は、発がん性のリスクを５段階に分類しています。「人に対する発がん性がある」と認定されたグループ１がいちばん発がん性の高いグループです。例えば、Ｂ型肝炎ウイルス、Ｃ型肝炎ウイルス、ヒトパピローマウイルスの感染、アフラトキシン、いくつかの抗がん剤、放射線などと並んで、１９９４年には「ピロリ菌」の感染もグループ１に分類されています。

ピロリ菌は人の胃の中に住みつく細菌で、ウレアーゼという酵素により胃内にアンモニアを発生させ、長くいると胃粘膜の表面に傷をつけて慢性胃炎や十二指腸潰瘍、胃がんの原因となります。ピロリ菌は子どもの頃（５歳以下の幼児期）に感染し、一度感染すると多くの場合、除菌しない限り取り除くことはできません。

ピロリ菌の感染原因は大部分が飲み水や食物を通じて、人の口から入るとされています。しかし、ピロリ菌が除菌可能であることは、よく知られるようになりました。一般的には、ピロリ菌などの微生物の成長を阻止する抗生物質２種類と、その抗生物質が効きやすくなるように胃の酸性度を抑える薬の３種類を服用します。これによって、胃がんになる率をかなり下げることができると考えられています。２０１４年には、ＩＡＲＣも胃がんの予防にはピロリ菌の除去を推奨するようになりました。

ピロリ菌の感染源

**ピロリ菌とは胃の表層を覆う粘液の中に住みつき、
胃潰瘍や胃がんの発症に関わっている。**

大部分が水や食物を通じ、
口から体内に入る。
5歳以下の幼児に多い。

ピロリ菌が胃粘膜を傷つける

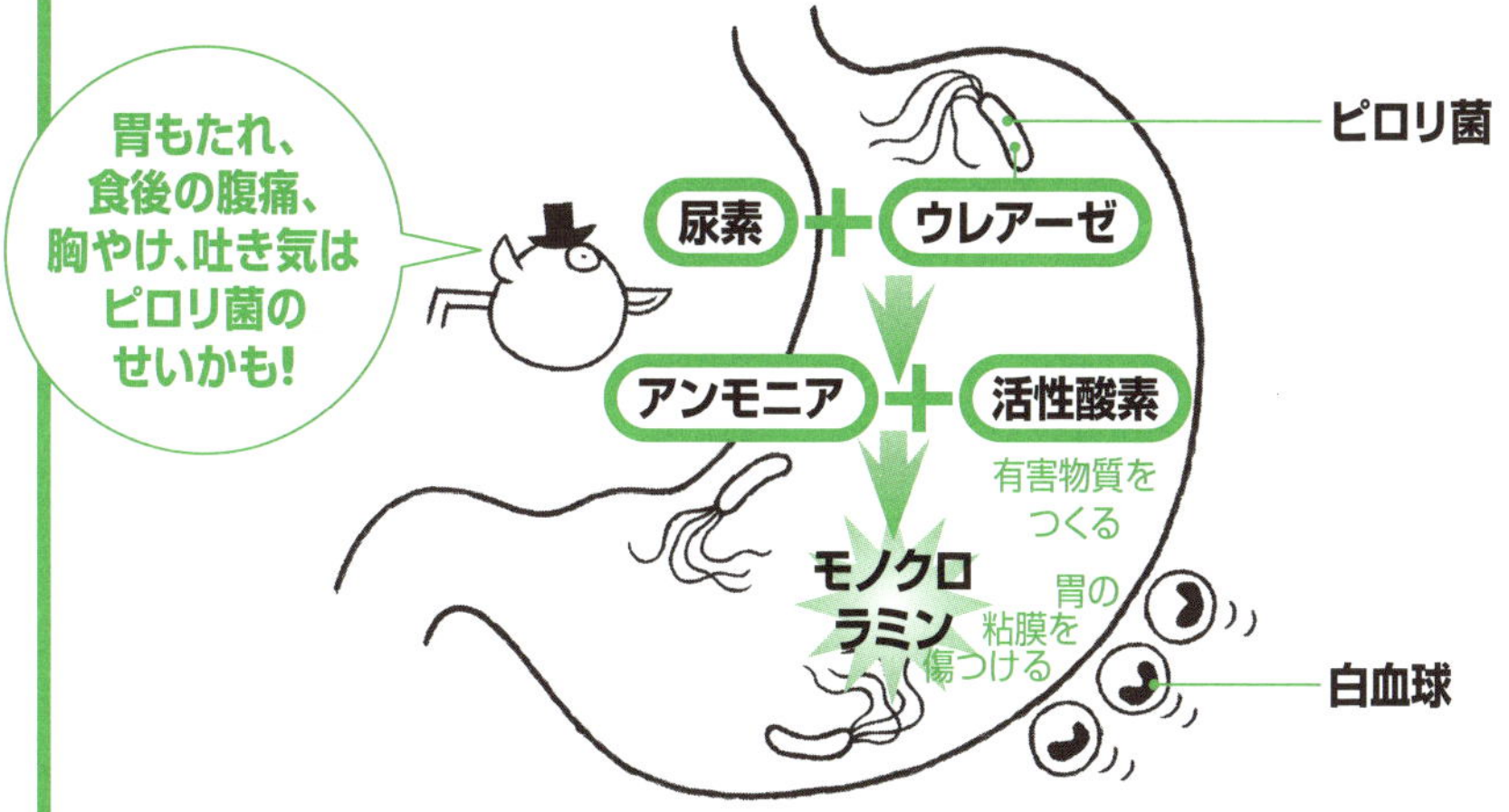

**ピロリ菌が胃の中にいる状態が長く続くといろいろな病気を引きおこし、
胃がんになる可能性がある。**

38

肝細胞がんと肝炎ウイルス

生活習慣病の予防など体調管理も必要

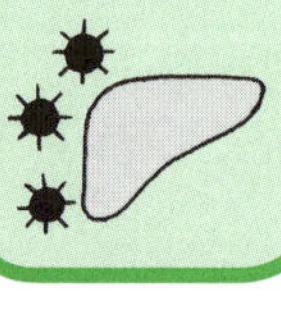

肝臓のがんには、肝臓の細胞ががん化して生じる「**肝細胞がん**」と、肝内の胆管から生じる「**胆管細胞がん（肝内胆管がん）**」があります。肝細胞がんが圧倒的に多く、一般的に「肝臓がん（肝がん）」とはこのがんをいいます。肝臓がんは、やや減少傾向にはあるものの、日本における死亡者数は、年間約3万人にのぼり、悪性腫瘍の中でも多いほうです。男性に多い傾向があります。

肝臓は「沈黙の臓器」といわれ、がんの初期には自覚症状がほとんどありません。進行すると、腹部にしこりや圧迫感・痛み、黄疸《おうだん》を訴えます。

肝細胞がんの発生する主な要因は、「**B型肝炎ウイルス**」か「**C型肝炎ウイルス**」ですが、いずれのウイルスにも、発がんに直接関係する遺伝子があるわけではありません。

再生能力の強い肝臓ですが、ウイルスによる炎症が何年にもわたると、「**肝炎**」となります。**肝炎が6ヵ月以上続くと、慢性肝炎となり、さらに肝硬変や肝臓がんなどに進展する可能性があります**ので、早期発見、早期治療が大切です。ただ、心あたりがないのに感染している場合もあり、血液検査を定期的に受けるなどを心がけてください。

ウイルス感染以外の要因としては、多量飲酒、喫煙、食事性のアフラトキシン（ピーナツなどに生えるカビから発生する毒素の一種）、糖尿病などがあげられます。

特に最近では、肝炎ウイルス感染を伴わない脂肪肝を要因とする肝細胞がんも増加しています。**原因となる生活習慣病や肥満を改善し、肝臓に溜まった中性脂肪を減らすことが大切です。**

肝臓がんの原因

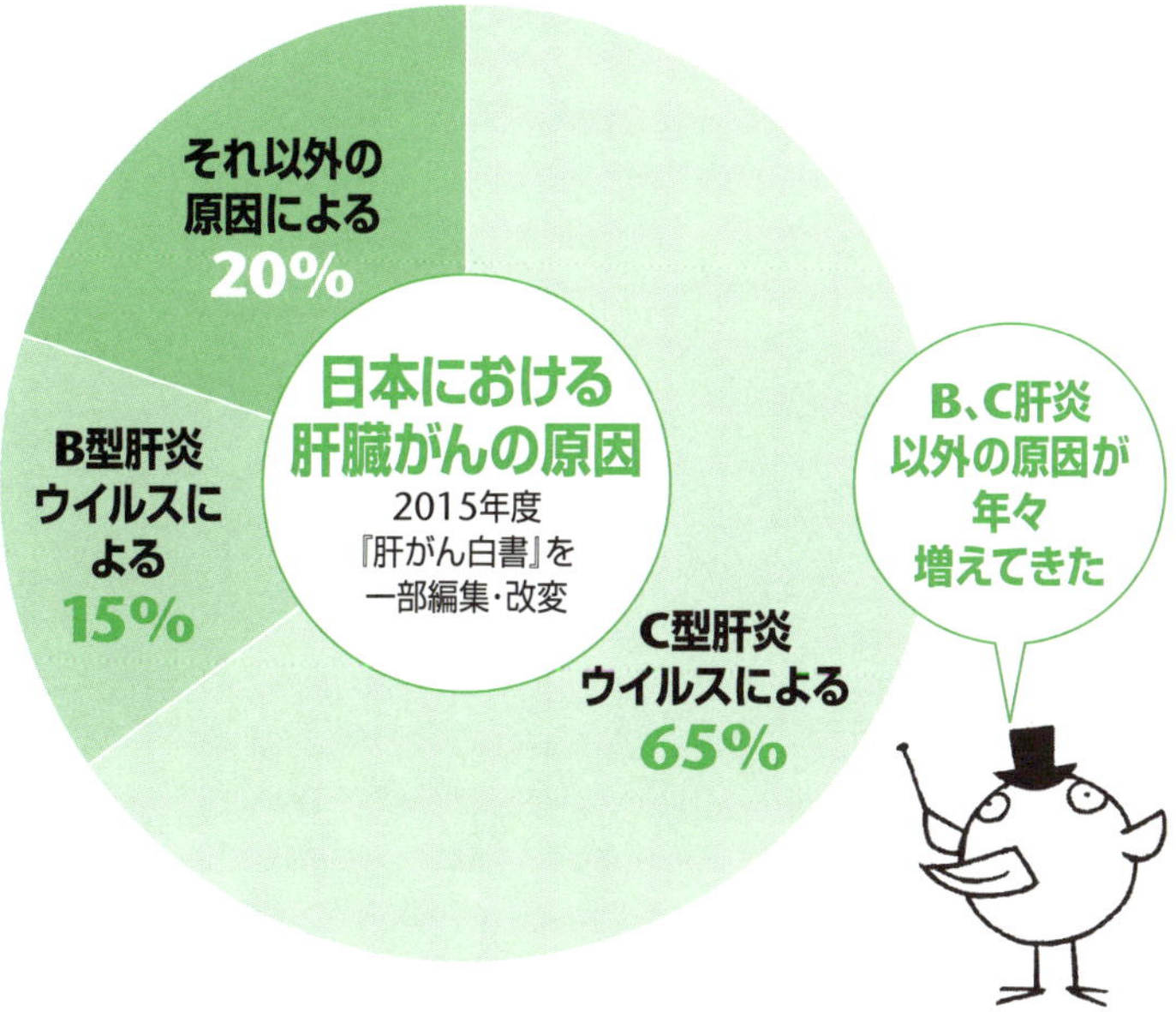

肝臓がんへの進行

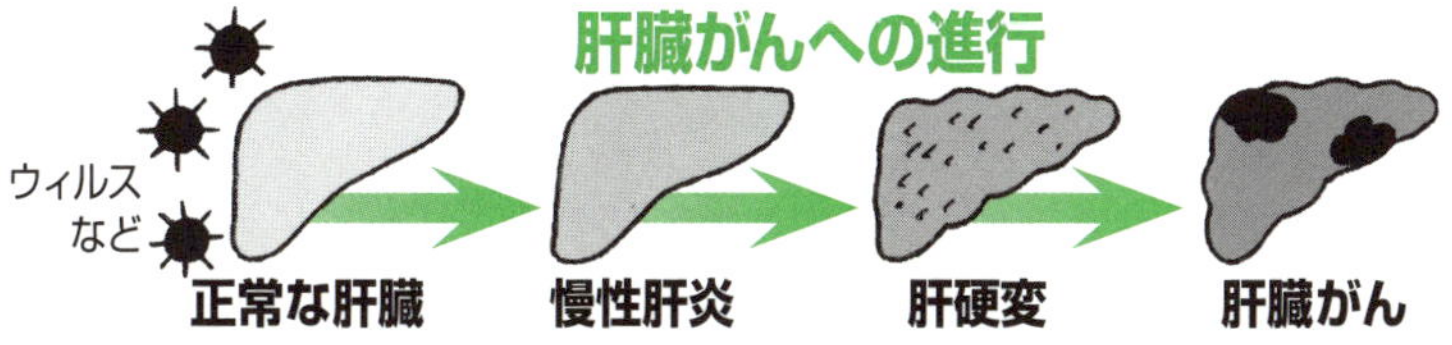

肝臓の構造と肝臓がん

39 飲酒と肝臓がんとの関係

毒性の強い「アセトアルデヒド」がDNAを損傷

肝臓は、運ばれた栄養分を貯蔵し、代謝の中枢《ちゅうすう》となって毒物や薬物の処理（解毒作用）を行います。さらに、胆汁もつくって消化の手助けも行う再生能力の盛んな臓器のひとつです。

飲酒が肝臓に悪いことや、大量飲酒の習慣が「**肝硬変**」の原因になることは知られていますが、肝硬変から肝臓がんに進行することも多く、飲酒は肝臓がんの要因である可能性も考えられています。

アルコールの発がん性は完全に解明されてはいませんが、**アルコールを飲むと体内で発がん性のある「アセトアルデヒド」と酢酸の順に代謝されます。これが細胞内部のDNAに損傷を与え、損傷の修復を妨げることでがんを引きおこしていると考えられています。**

特に日本人には、お酒に弱く、すなわちアルコールの代謝物であるアセトアルデヒドを分解する酵素の働きが弱いタイプが多いので、飲酒の肝臓がんへの影響が欧米人とは異なると考えられています。**二日酔いはこのアセトアルデヒドが肝臓で十分に処理されないことでおこる現象です。**

よく健康診断で、γ《ガンマ》GTP値が高いのでお酒の量を控えてくださいと、言われることがありますが、γGTPは胆管でつくられる酵素で、肝細胞でつくられるGOTとともに「**トランスアミナーゼ**」と呼ばれています。肝臓でアミノ酸の代謝に関わる働きをしていて、肝細胞が破壊されると血中に流れ出してくるので、その量によって肝機能を調べることができます。

つまり、両者の数値が高いということは慢性的に肝細胞が破壊され続けているということです。

アルコール分解のしくみ

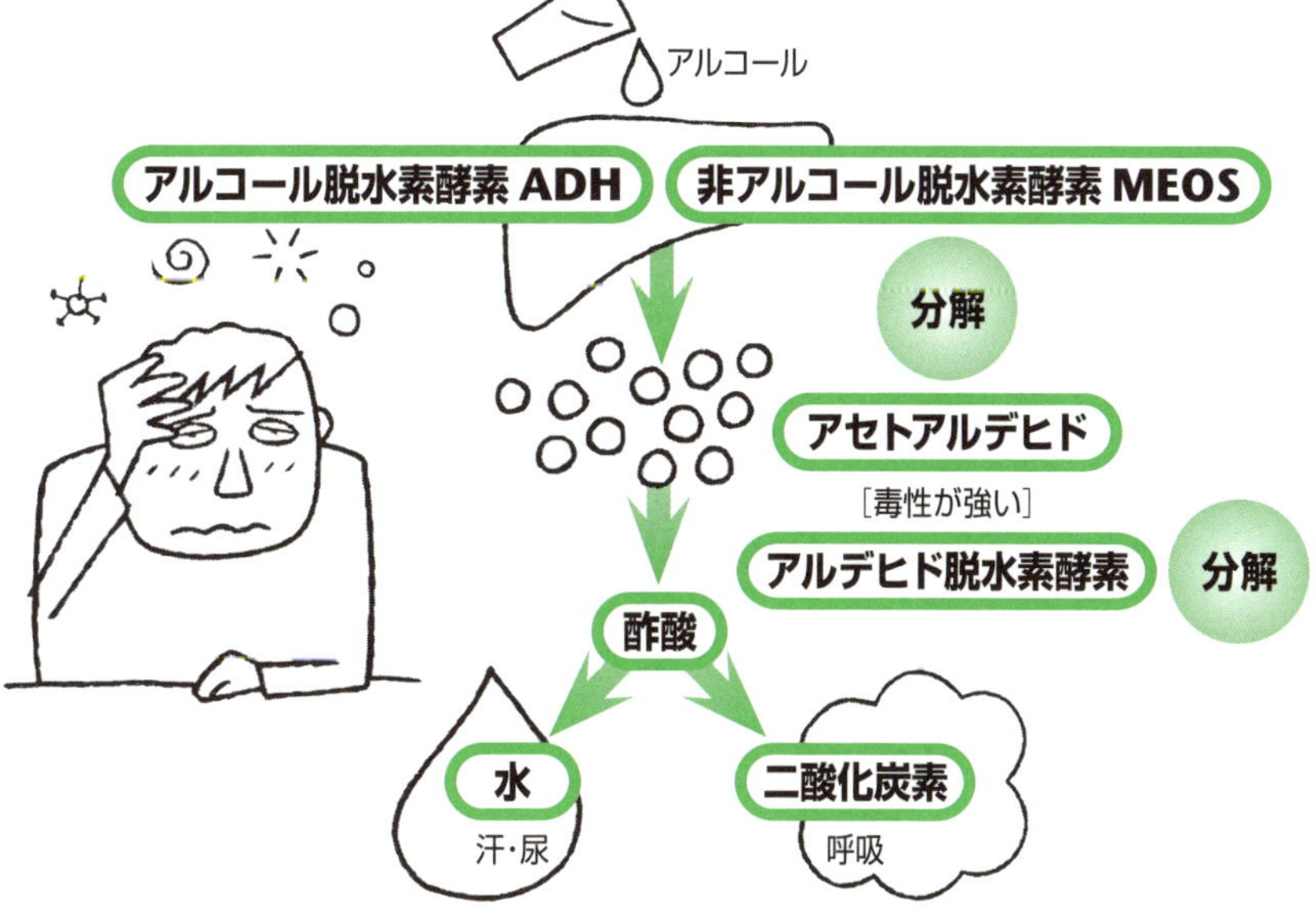

節度あるアルコール量とは?

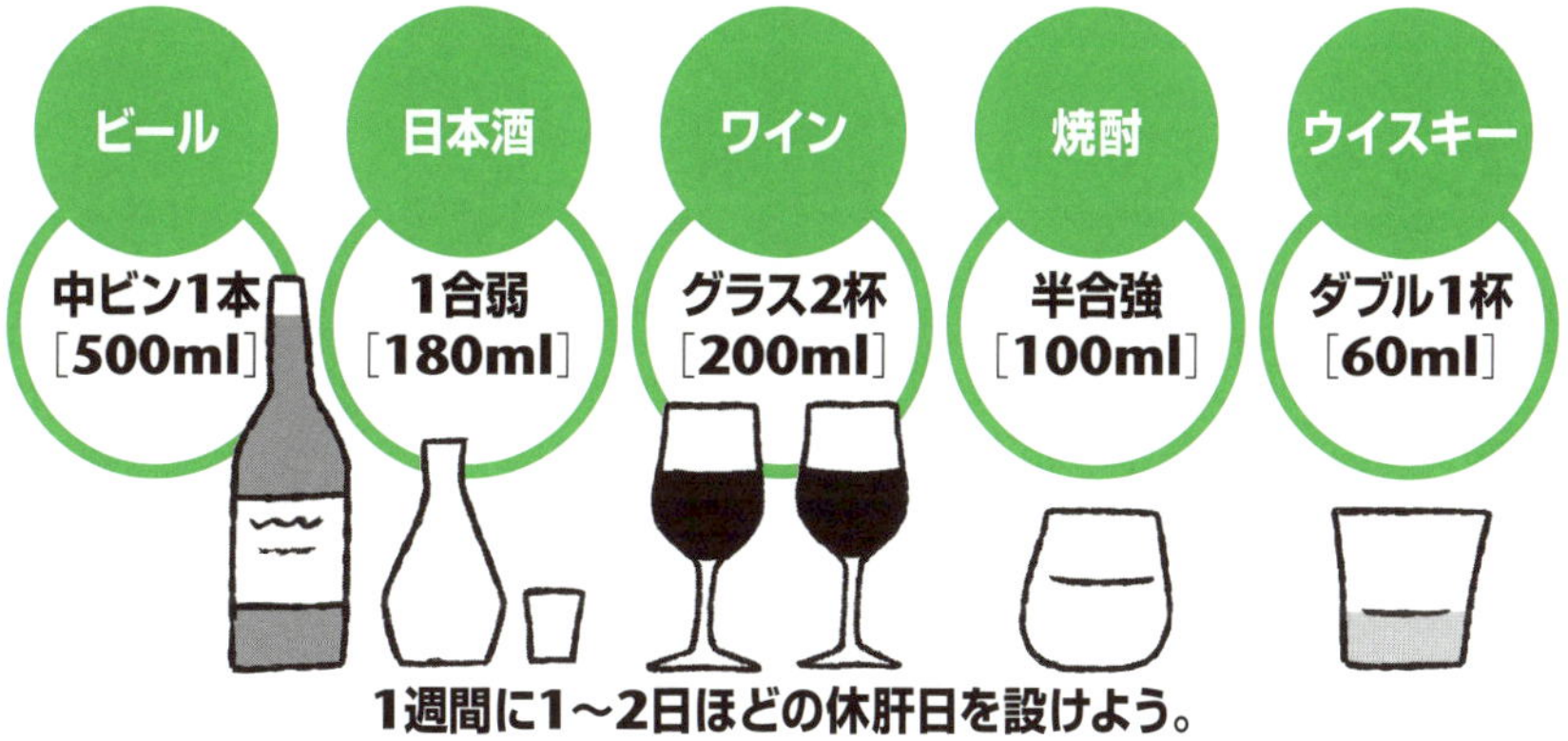

1週間に1~2日ほどの休肝日を設けよう。

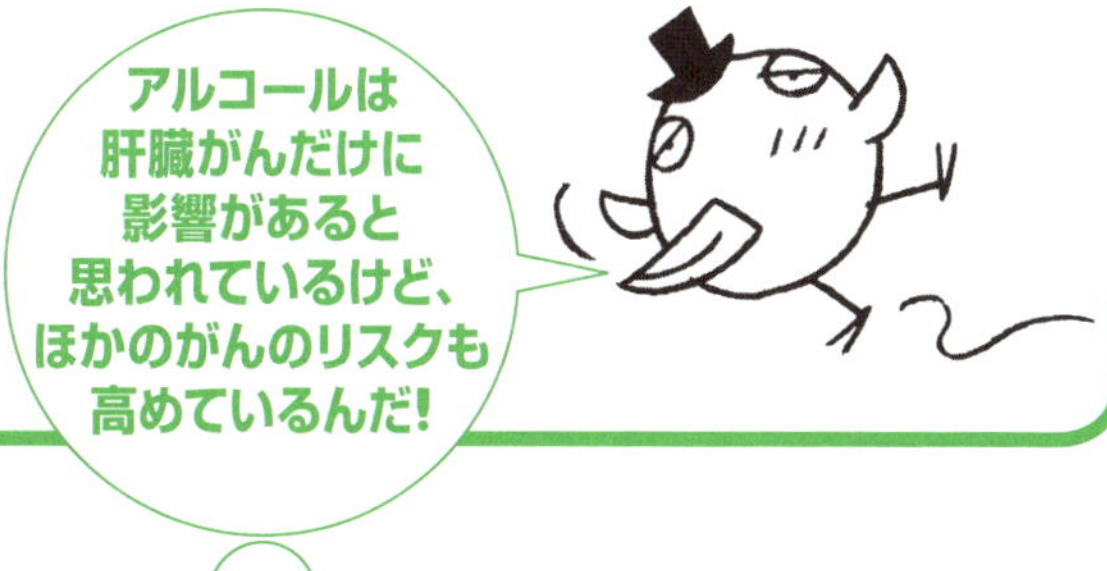

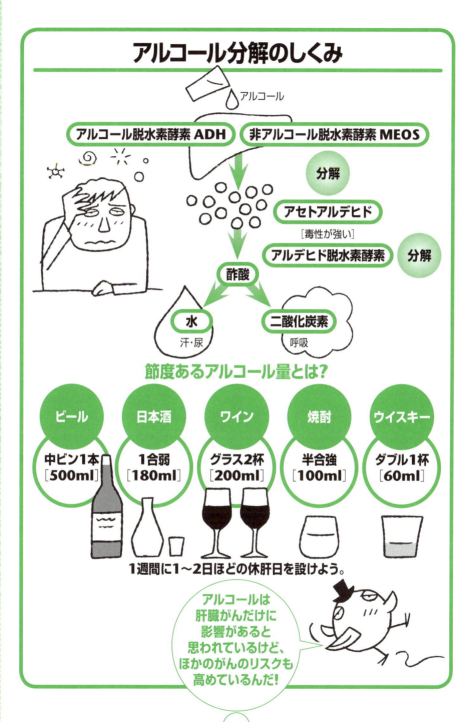

40 食道がんと逆流性食道炎の関係

食道粘膜の炎症ががんにつながる

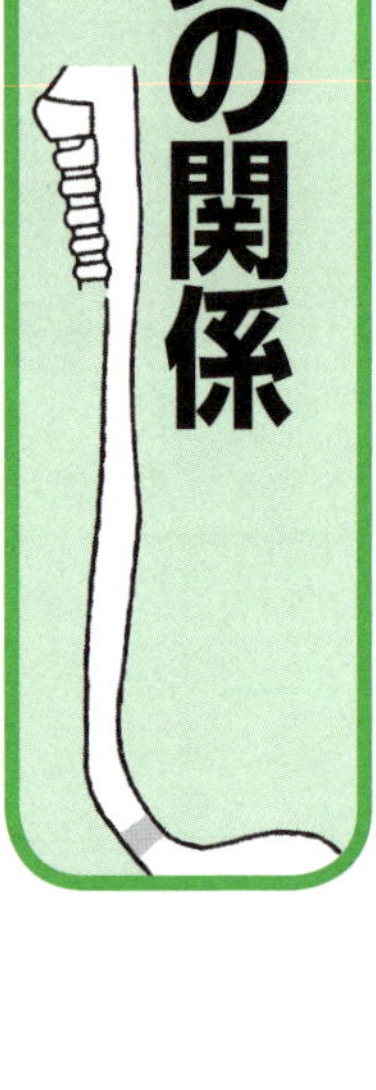

食道は、のどと胃の間をつなぐ管状の臓器で、上から頸部食道、胸部食道、腹部食道と、部位によって呼び名が分けられています。

食道がんは、高齢男性に多く、一年間に10万人あたり17・9人です。**日本人の食道がんは約半数が食道の中央付近からでき、次に食道の下部に多くできます。食道の内部を覆っている粘膜の表面からもできます**が、いくつも同時にできることもあります。

食道がんが大きくなると、深層（外側）へと広がっていき、気管や大動脈などの周囲の臓器にまで直接広がっていきます（浸潤）。食道のリンパ液によって頸部、胸部、腹部の広い域に、また、血液の流れに乗って肺、肝臓などの臓器に転移することがあります。

食道がんは初期の自覚症状がほとんどありませんが、飲食時の胸の違和感、咳、声のかすれ、体重減少などの症状が出てきます。進行して食べ物を上手に飲み込めない嚥下《えんげ》困難がおこってから、病院へ行く例が多数です。**主な要因は、喫煙と飲酒です。日本人に多い扁平上皮がんは特に喫煙と飲酒に強い関連があると考えられています。**

飲酒により体内に生じるアセトアルデヒドは発がん性の物質であり、アセトアルデヒドの分解に関わる酵素の活性が生まれつき弱い人は、食道がんの発生する危険性が高まることが報告されています。

喫煙と飲酒、両方の習慣がある人は、より危険性が高まるとされています。

胃酸を含む胃の内容物が、食道内に逆流しておこる病態を、「胃食道逆流症」といい、症状や粘膜の状態に

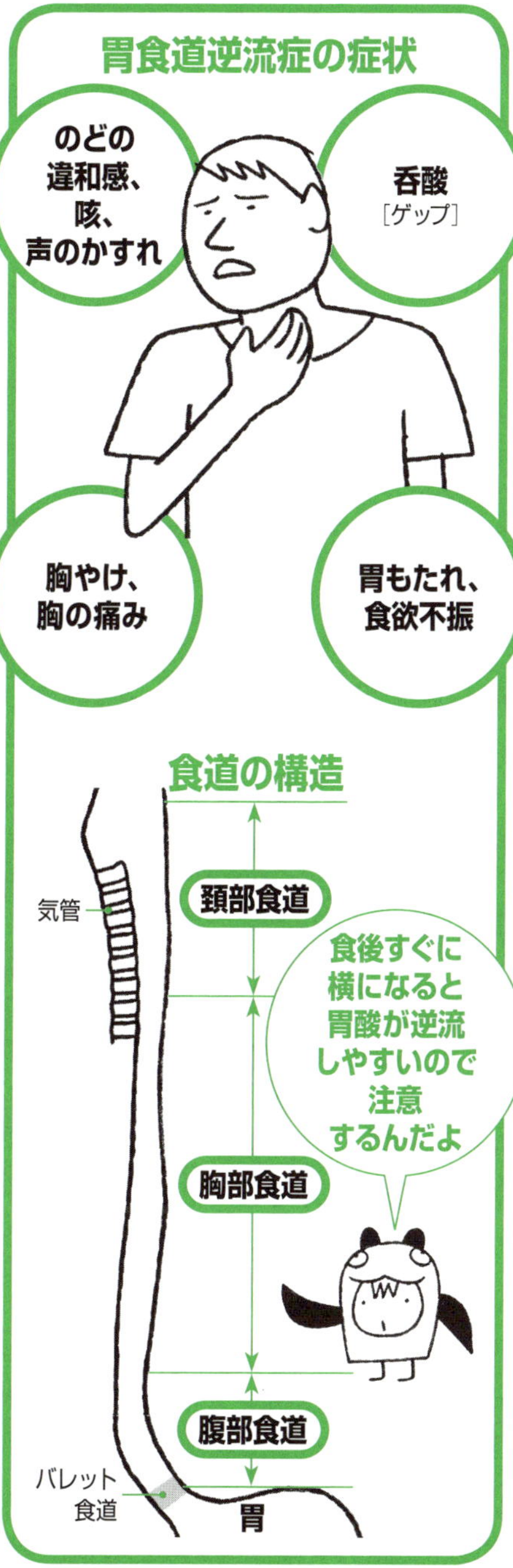

よって、「**逆流性食道炎**」と「**非びらん性胃食道逆流症**」とに分けています。

逆流性食道炎は、胸やけや胃酸の上がってくる感じの呑酸《どんさん》（ゲップ）などの症状がある、罹患率の高い病気です。内視鏡検査で食道粘膜にびらんや潰瘍などの異常な病変がみられます。

非びらん性胃食道逆流症は、胸やけ、呑酸などの症状があるにもかかわらず、内視鏡検査で食道粘膜にびらんや潰瘍などの病変がみられないものをいいます。

いずれにしても、胃酸が粘膜を刺激することが原因です。食道の粘膜は、胃の粘膜とは違い、**胃酸の刺激から身を守るしくみを持っていないので、胃酸に触れると炎症をおこしてバレット食道になり、「バレット腺がん」という食道がんになる可能性があります。**

治療は、胃酸の分泌を抑える薬を服用しますが、禁煙、節度ある飲酒、生活習慣の改善も必要です。また、油っぽいものを摂ると胃酸の分泌を促進するため、低脂肪食が推奨されています。

41 初期症状があまりない大腸がん

血便、下血、貧血などの症状に注意

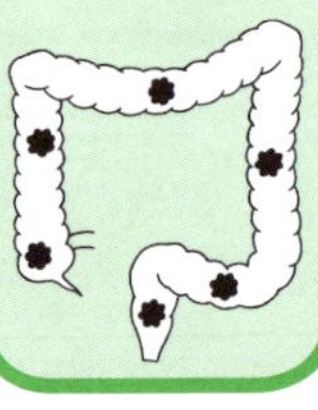

大腸がんは、「直腸がん」と「結腸がん」に分けられ、半数以上が直腸がんです。結腸がんは、特にS状結腸に多く発生します。日本人はS状結腸と直腸にがんができやすいといわれています。

腺腫という良性のポリープががん化して発生するものと、正常な粘膜から直接発生するものがあり、粘膜に発生した大腸がんは肝臓や肺に転移がみられることがあります。

早期の段階では自覚症状がほとんどありませんが、進行すると症状が多く出てきます。**血便、下血《げけつ》（腸からの出血により赤黒い便が出たり、便表面に血液が付着すること）、下痢と便秘を繰り返す、便が細い、残便感、腹部膨満感、腹痛、貧血、体重減少など、多くの症状があります。年齢では高齢になるほど罹患率が高くなり、1年間に10万人あたり103人です。やや男性が多い傾向にあります。死亡数は肺がんに次いで2位です。**

要因には、家族との関わりもあるとされていて、家族性大腸腺腫症など近親者に大腸がんの発生が多くみられます。また、生活習慣との関わりも指摘されており、牛・豚・羊などの赤身肉、ベーコン・ハム・ソーセージなどの加工肉の摂り過ぎ、飲酒、喫煙などもリスクを高めます。**初期症状があまりないため、早期発見を心がけたいものです。**

健康診断で行う便潜血《べんせんけつ》検査は、大腸がんやポリープなどによる出血が便に混じっていないかを調べます。便潜血は微量で目には見えません。がんからの出血は一定の間隔をおく間欠的《かんけつてき》であるため、通常2日分の便を採取する必要があるのです。

大腸と大腸がん

大腸がんの発生経路

大腸壁の構造

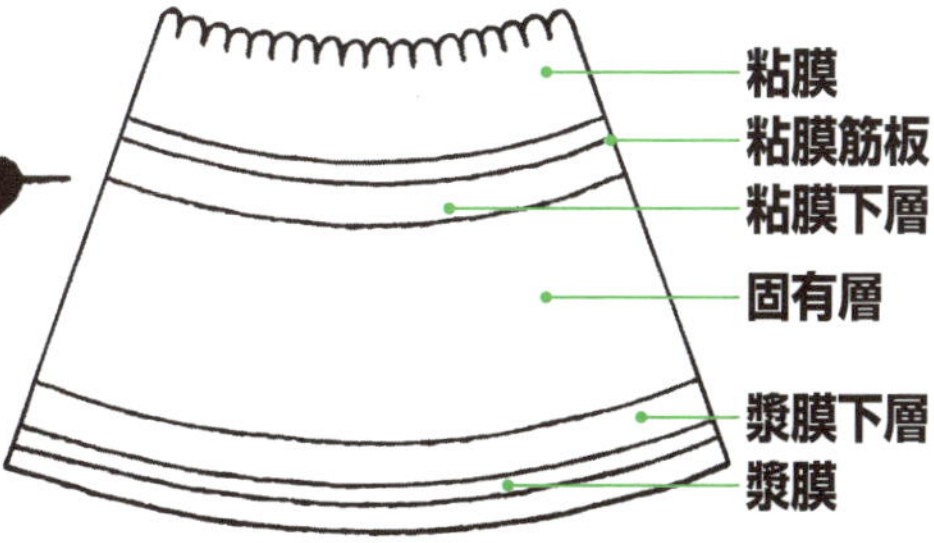

大腸がんの広がり方

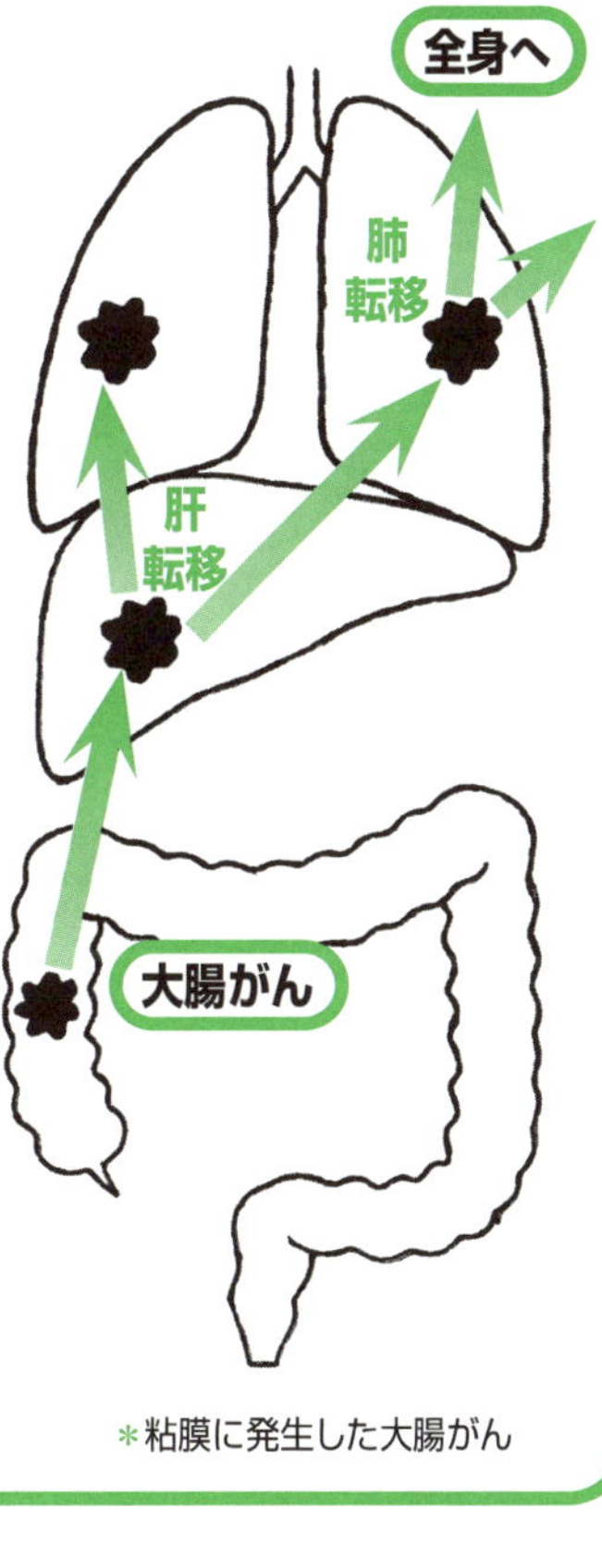

大腸の構造とがん

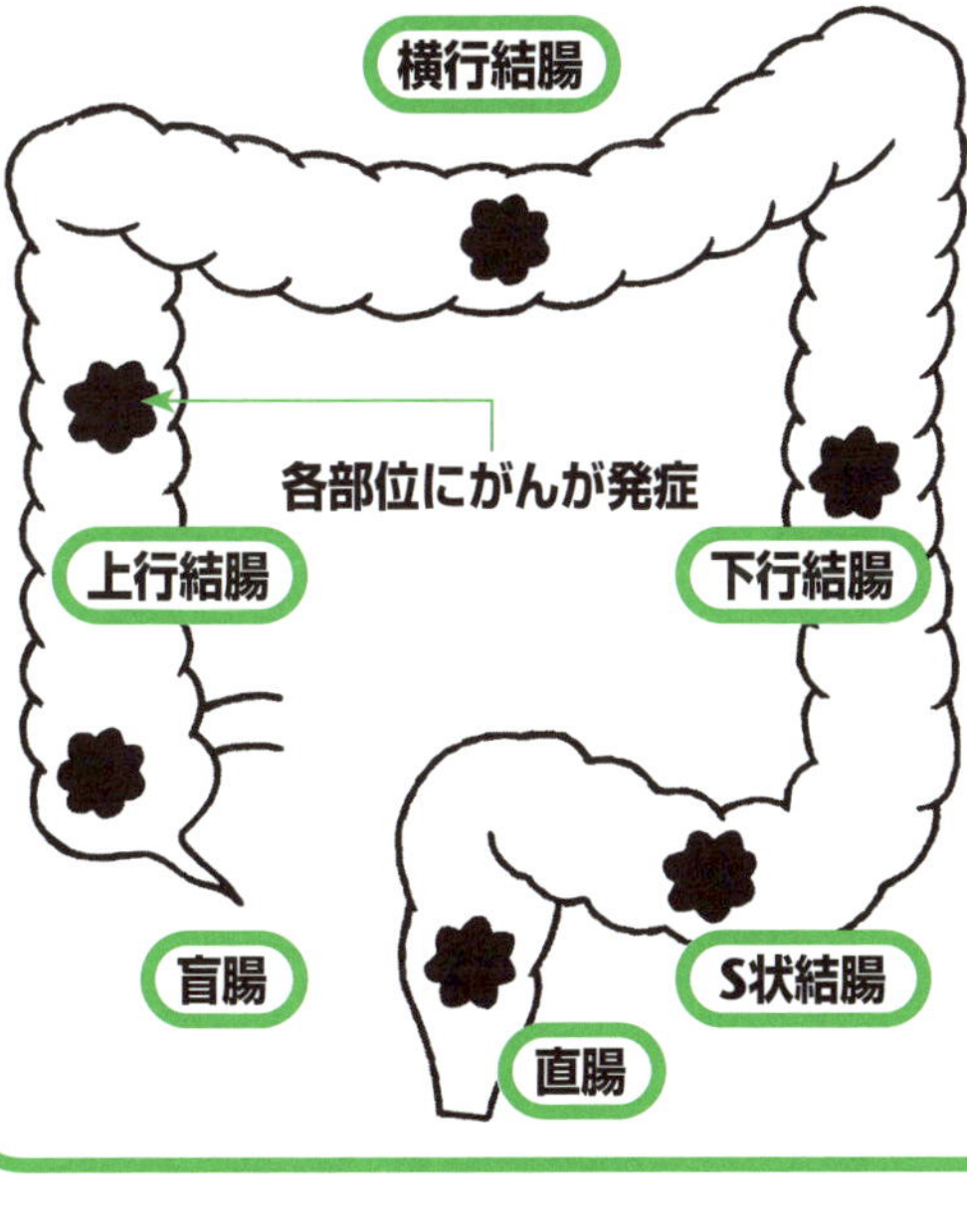

＊粘膜に発生した大腸がん

42 がんの中でも厄介な膵臓がん

早期発見が難しい、悪性ながん

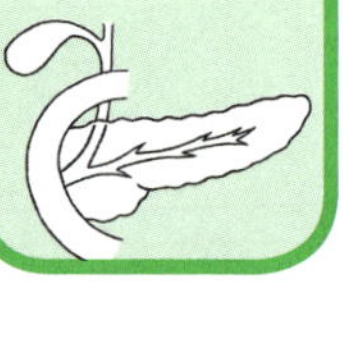

膵臓《すいぞう》は、十二指腸に囲まれるようにして胃の後ろに位置し、長さは20センチメートルほどの左右に細長い臓器です。「**膵尾部**《すいびぶ》」は脾臓と接していて、膵臓の真ん中を「**膵体部**」といい、頭にあたる縁部分を「**膵頭部**」と呼んでいます。

膵臓には2つの役割があります。**ひとつは食物の消化を助ける膵液の産生で、「外分泌機能」、もうひとつは、血糖値の調節をする「インスリン」というホルモンの産生で、「内分泌機能」といいます。**

膵臓の外分泌組織から発生する悪性腫瘍が膵臓がんです。90％以上は、膵管上皮の細胞にできます。それを「**浸潤性膵管がん**」といい、膵臓がんというのは、通常この浸潤性膵管がんのことを指します。

膵臓は胃の後ろの深部に位置していることから、がんが発症しても症状がわかりにくく、早期の発見は簡単ではありません。 また、膵臓は肝臓や胆管、十二指腸などの重要な臓器や血管に囲まれているために、周囲に早く浸潤、転移し、進行していくと腹痛、食欲不振、腹部膨満感、黄疸、腰や背中の痛みなどを発症します。また、糖尿病を発症することもあります。

ただし、これらの症状は、膵臓がんに限った症状ではなく、膵臓がんであっても、症状がおこらないこともあります。

発見されたときには手遅れになっている例が多く、5年生存率が50％に達しない、とても厄介な悪性ながんです。 発生要因としては、慢性膵炎、糖尿病、血縁のある家族に膵臓がんになった人がいるほか、肥満、喫煙などがあります。

膵臓と膵臓がん

膵臓がんの初期症状

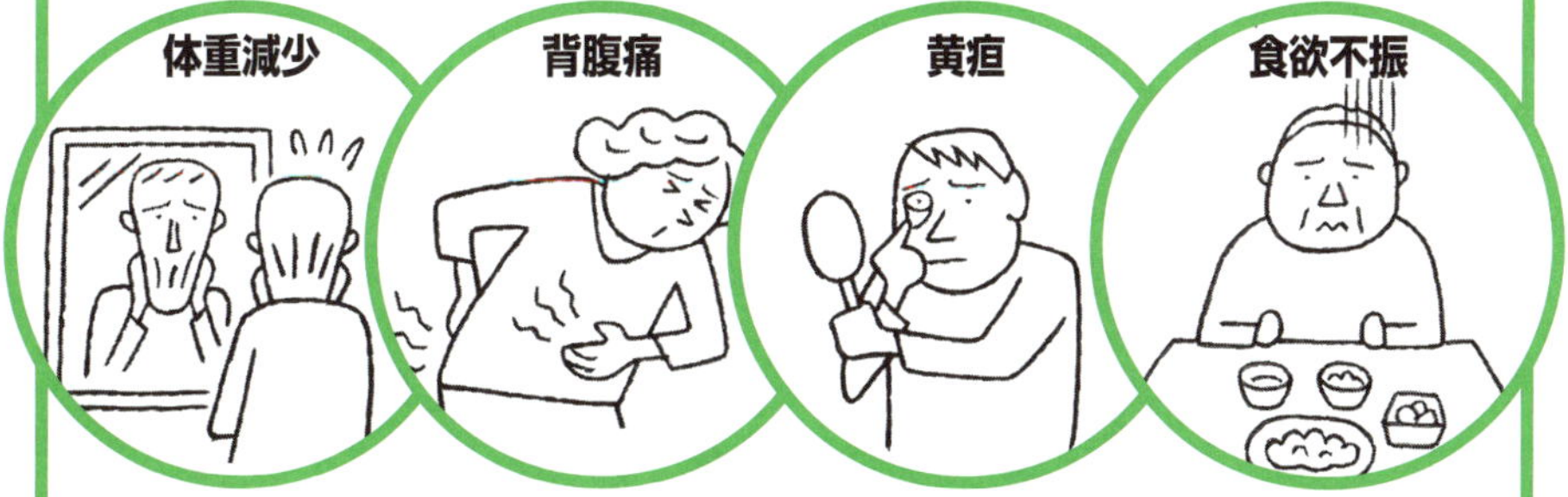

膵臓の区分

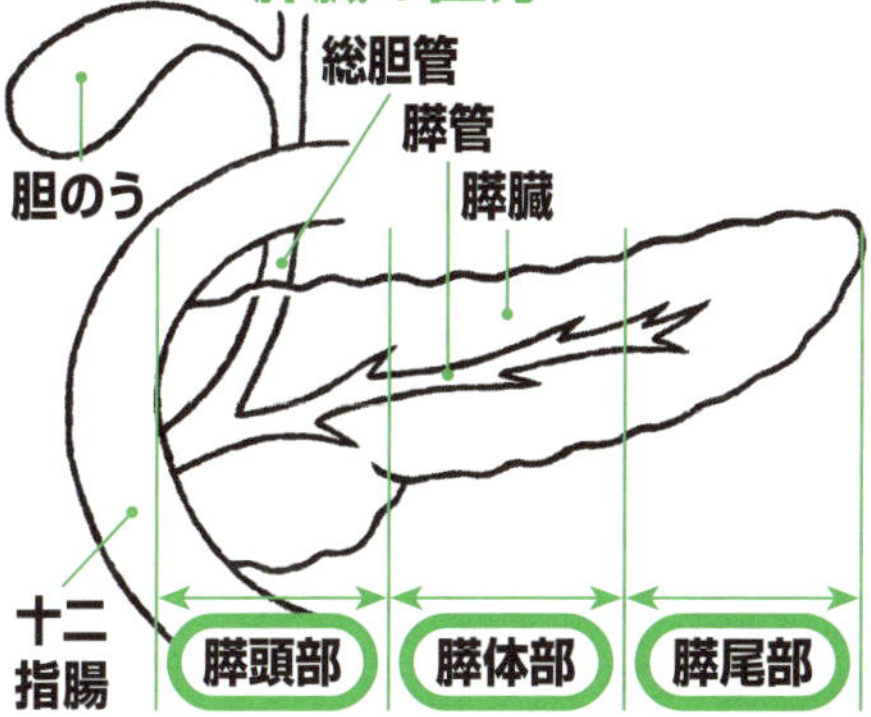

膵臓がんが転移しやすい部位

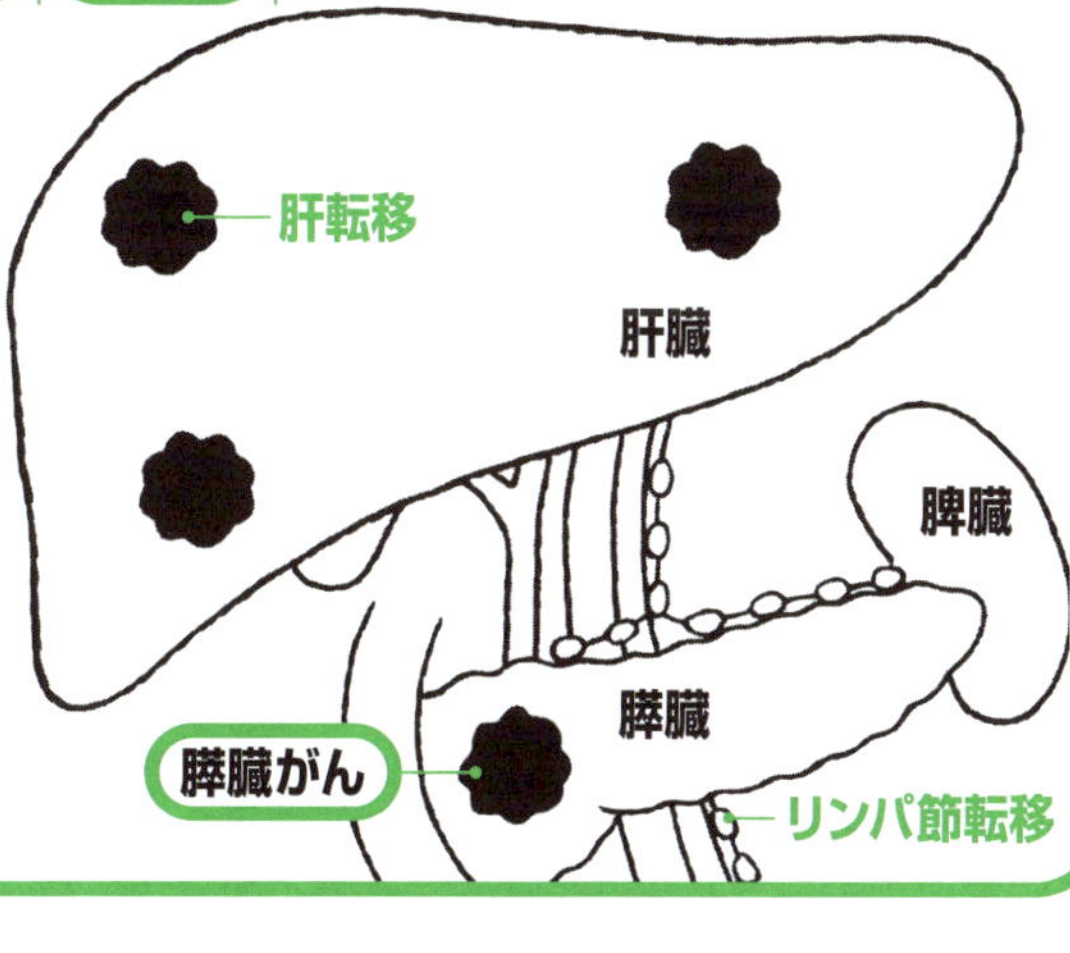

43 血液のがん・白血病

病状の進行が速い急性骨髄性白血病

「白血病」とは血液のがんです。白血球系細胞が骨髄やリンパ節で腫瘍性に増殖する疾患で、**まだ幼若《ようじゃく》な細胞（芽球《がきゅう》）が主に増殖する「急性白血病」と、各発達段階の細胞が出現する「慢性白血病」があります**。つまり、白血病とはリンパ球以外の白血球、赤血球、血小板になる予定の細胞ががん化したのです。

さらに、増殖する顆粒球・リンパ球・単球などの細胞によって、大きく「**急性骨髄性白血病**」「**慢性骨髄性白血病**」「**急性リンパ性白血病**」「**慢性リンパ性白血病**」などに分けられます。

中でも、慢性骨髄性白血病は成人に最もよくみられ、急性リンパ性白血病は小児や若者に、慢性リンパ性白血病は高齢者に多くみられます。

急性骨髄性白血病は、年齢が高くなるにつれ発症率は高くなり、病状の進行が速いため、早期の診断と速やかな治療の開始が望まれます。

正常な白血球は主に免疫力を担っていますので、白血病にかかると、通常ではかからない感染症にかかったり、正常な赤血球も少なくなり、貧血やめまいなどの症状が現れます。また、血小板が少なくなり、大量の出血をおこすこともあります。

原因は、染色体や遺伝子の異常が原因の急性前骨髄球性白血病や、過去に抗がん剤治療や放射線治療を受けた後に発症する二次性白血病以外は不明です。

治療法は複数の抗がん剤を組み合わせた「**寛解《かんかい》導入治療（化学療法）**」を中心に行います。また、適切なドナーがいる場合は「**造血幹細胞移植**」などが行われますが、完璧な治療には至っておりません。

造血幹細胞の分化

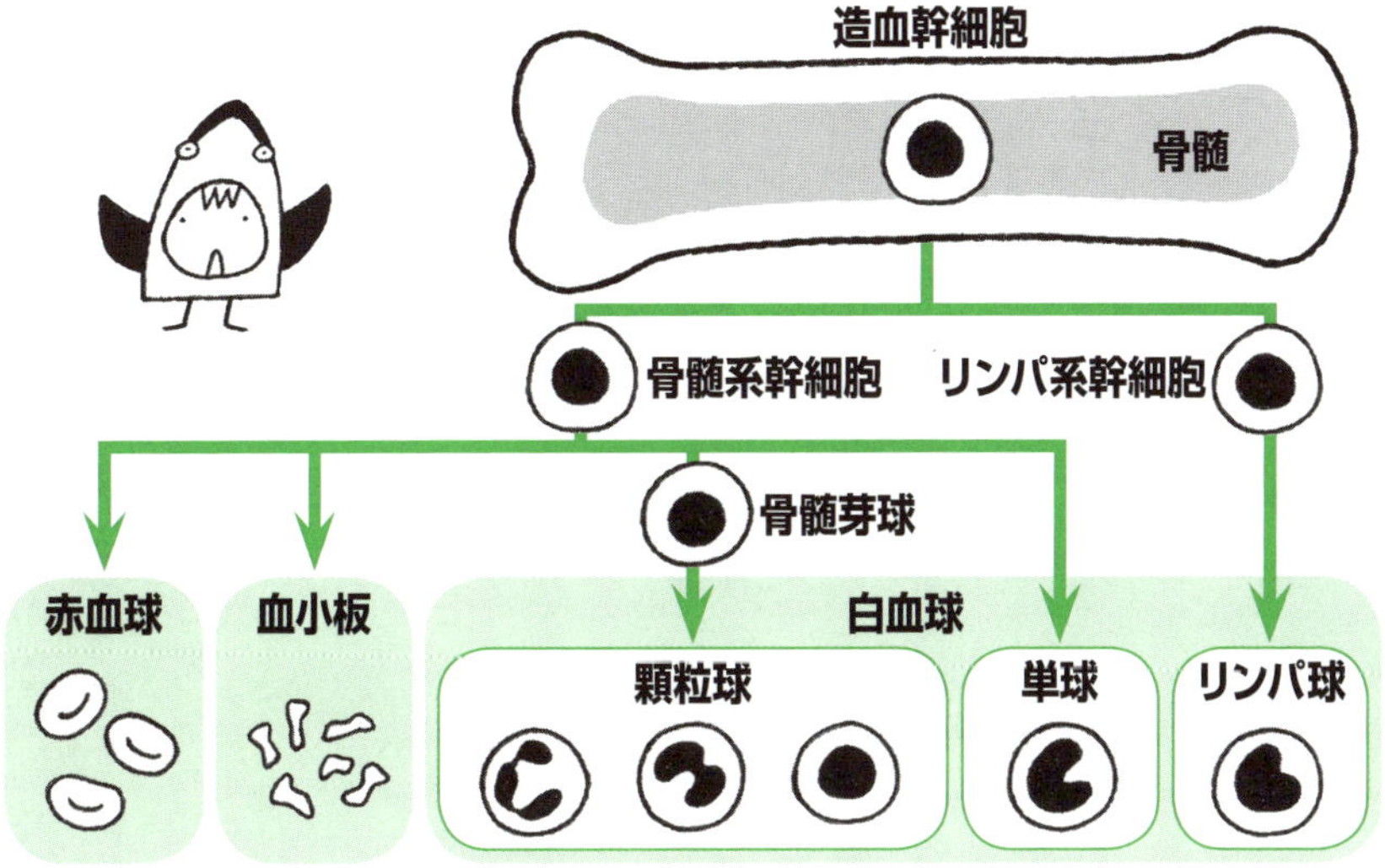

白血病の初期症状

白血病の分類

急性白血病	急性骨髄性白血病 急性リンパ性白血病/リンパ芽球性リンパ腫 急性前骨髄球性白血病ほか
慢性白血病	慢性骨髄性白血病 慢性リンパ性白血病/小リンパ性球リンパ腫ほか
成人T細胞白血病/リンパ腫	
骨髄異形成症候群ほか	

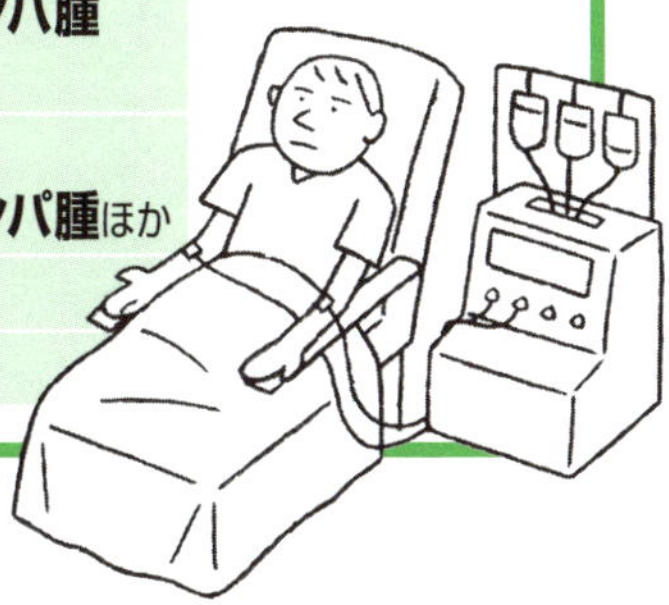

44 胆のうや胆管に発症する胆道がん

黄疸や白色便は赤信号！

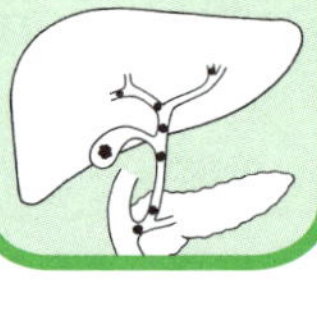

「胆のう」は肝臓の下に位置しており、肝臓でつくられた胆汁という消化液を一時的に蓄えておき、必要となったとき十二指腸へ排出する袋のような臓器です。

食事をすると、胆のうは胆汁を排出し、胆汁は胆のう管から胆管を通って十二指腸に流れ込み、消化を助けます。

胆のう、肝外胆管、ファーター乳頭部を合わせて「胆道」と呼び、胆のうや胆のう管にできた悪性腫瘍を「胆のうがん」といいます。「胆のうがん」「胆管がん」「乳頭部がん」を合わせて「胆道がん」と呼びます。

胆管に発生するがんの胆のうがんが胆道がんの半数を占め、胆管とファーター乳頭部の合流部にできる乳頭部がんが次いで多くみられます。組織的には腺がんが大半で、扁平上皮がんもみられます。**胆のうがんは、腺がんの50〜75％前後を占め、胆石**［118ページ参照］**の合併例もみられます。胆石症に胆のうがんが合併する頻度は2〜3％程度と低いですが、胆石保有者の胆のうがんのリスクは、非保有者の約4倍といわれています。**

胆のうがんが胆のう壁内にとどまっている段階では無症状であることが多く、検診の腹部超音波（エコー）検査や胆石症による胆のう摘出術で、偶然発見されることもあります。

症状は初期段階は無症状ですが、がんの進行に伴い各がんによって異なる症状が出ます。

胆のうがんはがんが進行すると黄疸があらわれます。おもな症状はみぞおちや右脇腹に痛みが出ることがあります。嘔吐、体重減少が出てくるようになったら、医師に相談したほうがいいでしょう。

胆管がんが大きくなることによって胆道が狭《せば》められ、行き場のなくなった胆汁が血液中に流れ出している可能性があります。胆汁に含まれているビリルビンが血液中で濃度が高くなり、皮膚や目の白い部分が黄色くなります。これを「**閉塞《へいそく》性黄疸**」といいます。胆汁が腸内に流れなくなると、便の色が白っぽいクリーム色（白色便）になり、黄疸の症状に気づくこともあります。

血液中のビリルビン濃度が高くなるにつれて、尿の色も茶色のように濃くなります。また、黄疸が出ると、胆汁酸が血管内へ流れ、皮膚のかゆみも同時に現れることもよくあります。

乳頭部がんは黄疸、発熱、腹痛が多く認められます。胆道がんが疑われた場合、血液検査、腹部超音波、CT、MRI検査で胆管や膵管を調べます。

胆のうの構造と各部位のがん
［胆道がん］

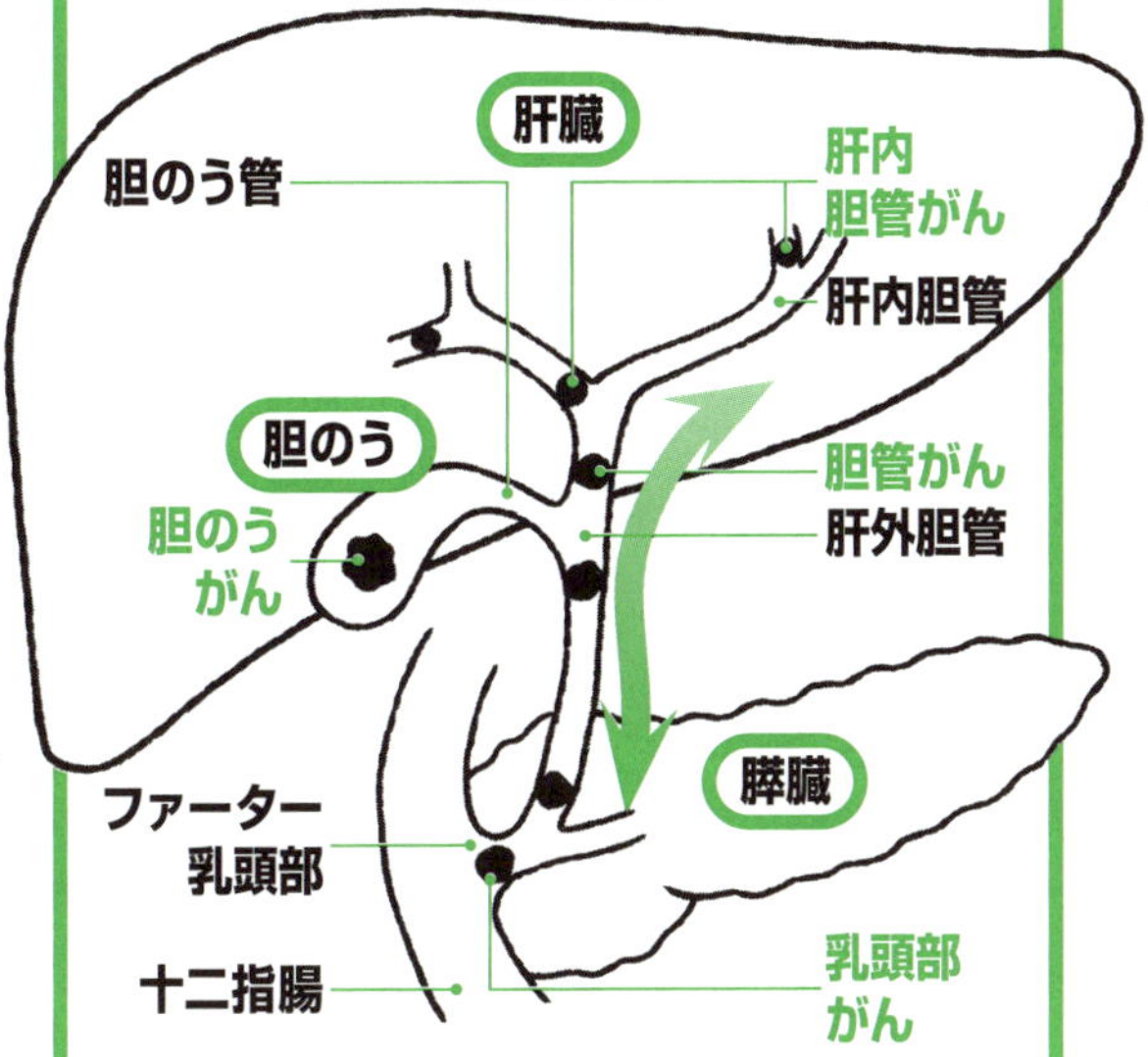

胆道とは肝臓でつくられる胆汁の通り道で、肝外胆管、胆のう、ファーター乳頭部のこと。

胆道がん

胆のうがん、胆管がん、乳頭部がん

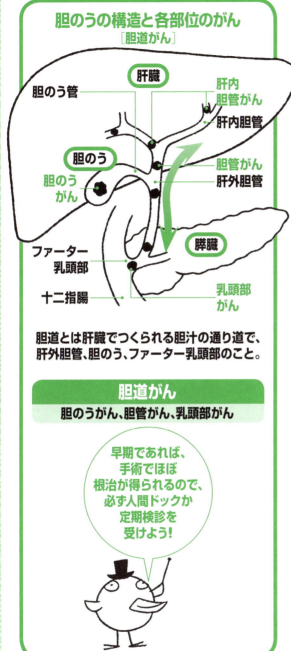

45 高齢男性に多い、前立腺がん

ＰＳＡ値の検査で早期発見を！

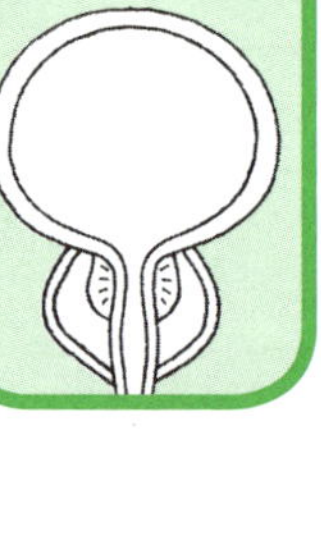

前立腺は男性のみにある臓器で、膀胱《ぼうこう》の下に位置し、尿道の周りを取り囲み、精液の一部に含まれる精子を助ける前立腺液をつくっています。

「**前立腺がん**」**は前立腺が正常な細胞増殖機能を失い、自己増殖することにより発症します。**

かつては欧米人に多く、日本人はかかりにくいとされてきたがんですが、ここ30年間で急増し、特に60歳ごろから、高齢になるにつれて罹患率の高いがんとして注目されています。

前立腺の細胞数が増加する良性の疾患「**前立腺肥大症**」は、高齢にともない増える病気で、尿道を圧迫して排尿障害をきたします。

前立腺がんは、多くの場合、早期の自覚症状はありませんが、**前立腺肥大症と同じように尿が出にくい、排尿の回数が多い、尿もれなどの排尿障害があります。進行すると、血尿や腰痛、骨への転移による痛みや歩行困難の症状が現れることがあります。**多くの場合、比較的ゆっくり進行します。

前立腺がんのリスクを高める要因としては家族歴や肥満、カルシウムの過剰摂取、喫煙などがいわれますが、明らかでありません。

前立腺液には、「**ＰＳＡ(前立腺特異抗原)**」というタンパク質が含まれています。ほとんどのＰＳＡは前立腺から精液中に分泌されますが、ごく一部は血液中に取り込まれます。**このＰＳＡの値が高くなるにつれ、前立腺がんになる確率も高くなるので、スクリーニング検査や治療効果の判定の目印となる腫瘍マーカーとして用いられます。**

前立腺の位置

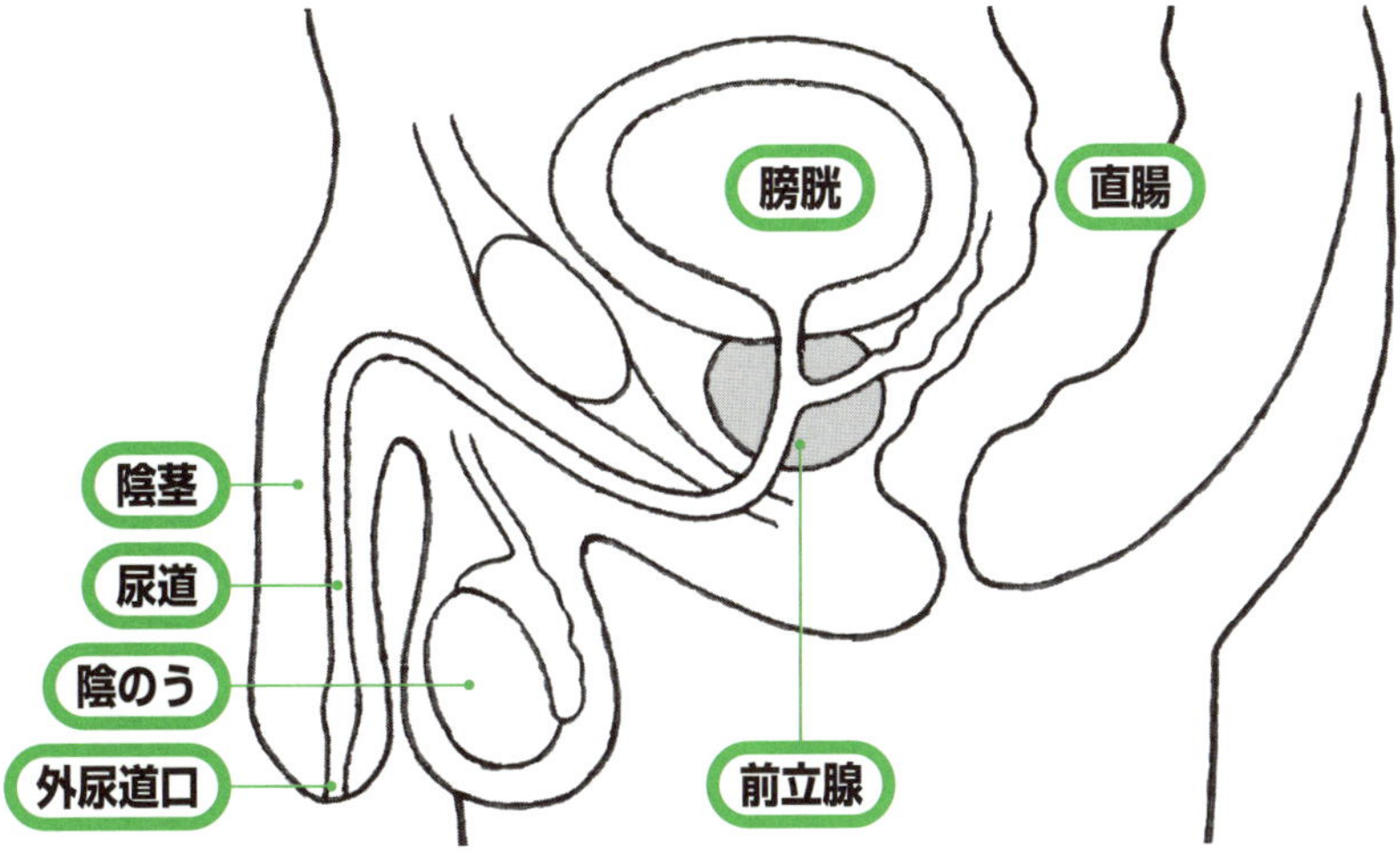

前立腺肥大と前立腺がん

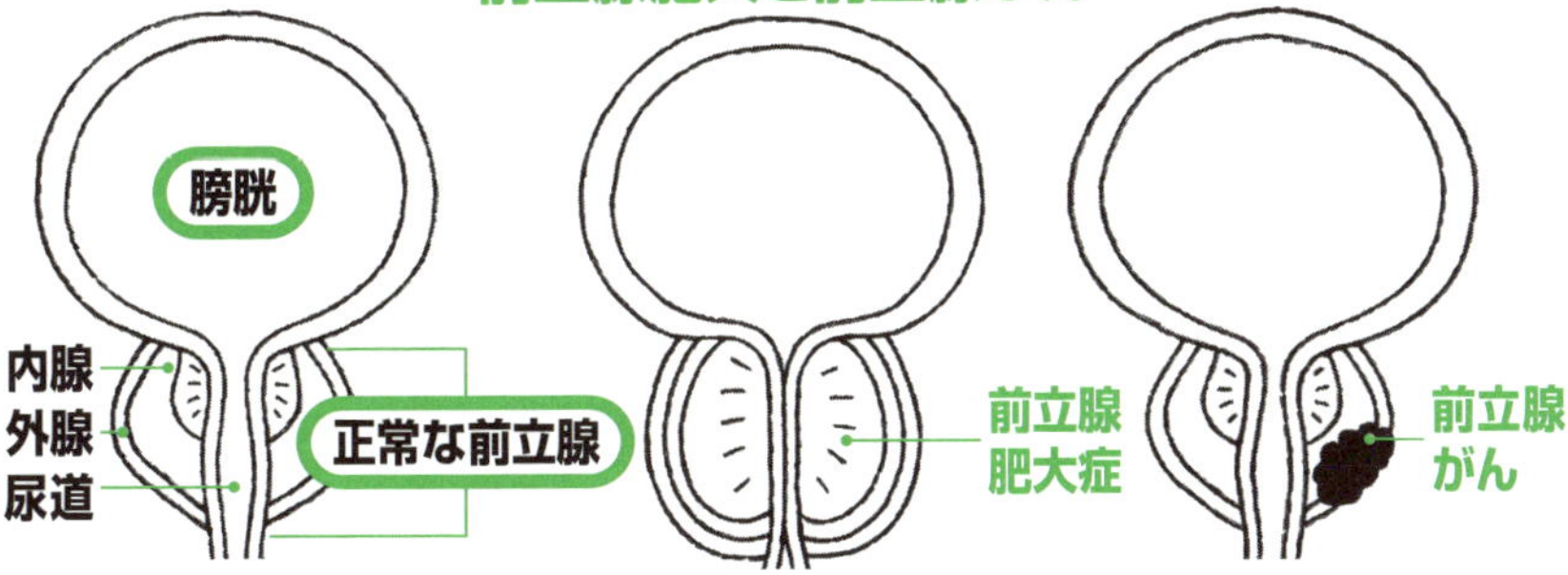

PSA
［前立腺特異抗原］
とは

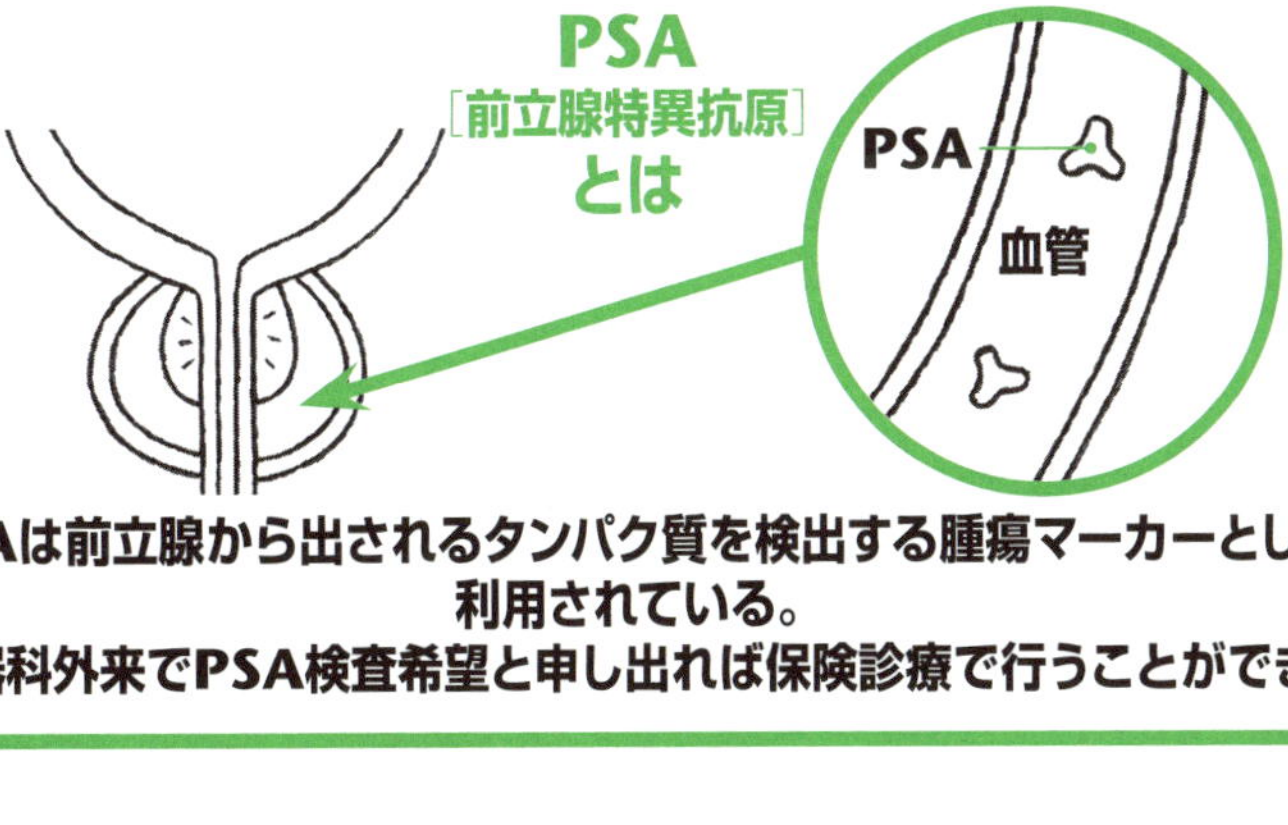

PSAは前立腺から出されるタンパク質を検出する腫瘍マーカーとして利用されている。
泌尿器科外来でPSA検査希望と申し出れば保険診療で行うことができる。

46 自分でも見つけられる舌がん

口内炎が長く治らない場合はがんの可能性も

「舌《ぜつ》がん」は、舌にできるがんで、「**口腔《こうくう》がん**」のひとつですが口腔内に発生するがんの約90％を占めます。口腔がんは、舌がんのほか、口腔底がん（舌と歯茎の間）、硬口蓋《こうこうがい》がん（口の天井の固い部分）、頬粘膜《きょうねんまく》がん（頬の内側の粘膜）などがあります。

舌は表面の粘膜と筋肉でできています。前方約3分の2は「**舌体《ぜつたい》**」と呼ばれ、後方約3分の1は「**舌根《ぜつこん》**」と呼ばれ、舌根にできたがんは、分類上、舌がんではなく「**中咽頭がん**」に該当します。

舌がんの多くは、舌の表面を覆う扁平上皮細胞から発生します。舌にできたがん細胞も腫瘍が大きくなるにつれて、舌の組織の深い場所まで広がっていきます。

舌がんは、ほかのがんと違って、自分で鏡を使って症状を見ることができます。舌の粘膜に赤いただれ（紅板《こうばん》症《しょう》）や白い斑点（白板症）がみられた場合、口内炎なら2週間程度経てば自然に戻ります。治らなければ口腔がんを疑ってみたほうがいいでしょう。また、自分で触って硬く触れる場合は悪性の可能性があります。

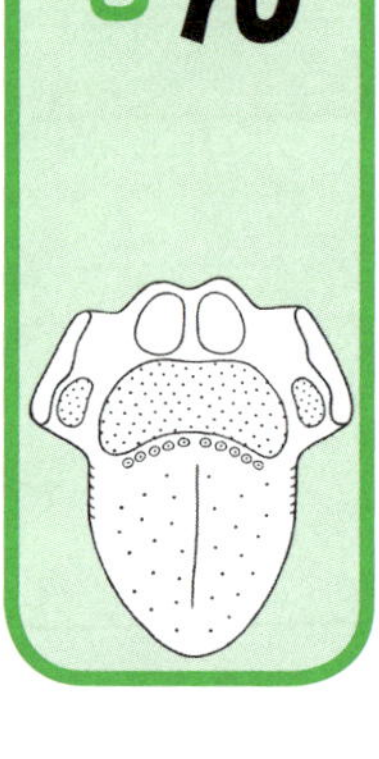

舌がんの要因は、喫煙と飲酒などと、歯並びの悪い歯が常にあたる機械的な慢性刺激と考えられています。舌がんは、舌の両脇の部分にできることが多く、舌の先端や中央部分にはあまりできません。両脇は歯の刺激が繰り返し加わり、度重《たびかさ》なるうちに遺伝子に傷がつきやすい部分だからかもしれません。

舌の裏側などの見えにくいところにもできることがあります。また、**早い時期から首のリンパ節に転移し急速に進行するたちの悪いがんです。**治療法はほかのがんと同じで、放射線療法、科学療法を行います。進行がんの場合は、外科手術を行いますが、放射線と抗がん剤治療でがんを小さくしてから手術を行う場合もあります。

手術でも体への負担は少ないのですが、舌を切除することによって、飲み込みや喋《しゃべ》りなど、障害や後遺症もあります。

舌のしこりやただれがあっても、痛みや出血があるとは限りません。ただれやまだらになっているのに痛みがないときは要注意です。早めに口腔外科で診断を受けたほうがいいでしょう。

舌の構造と舌がん

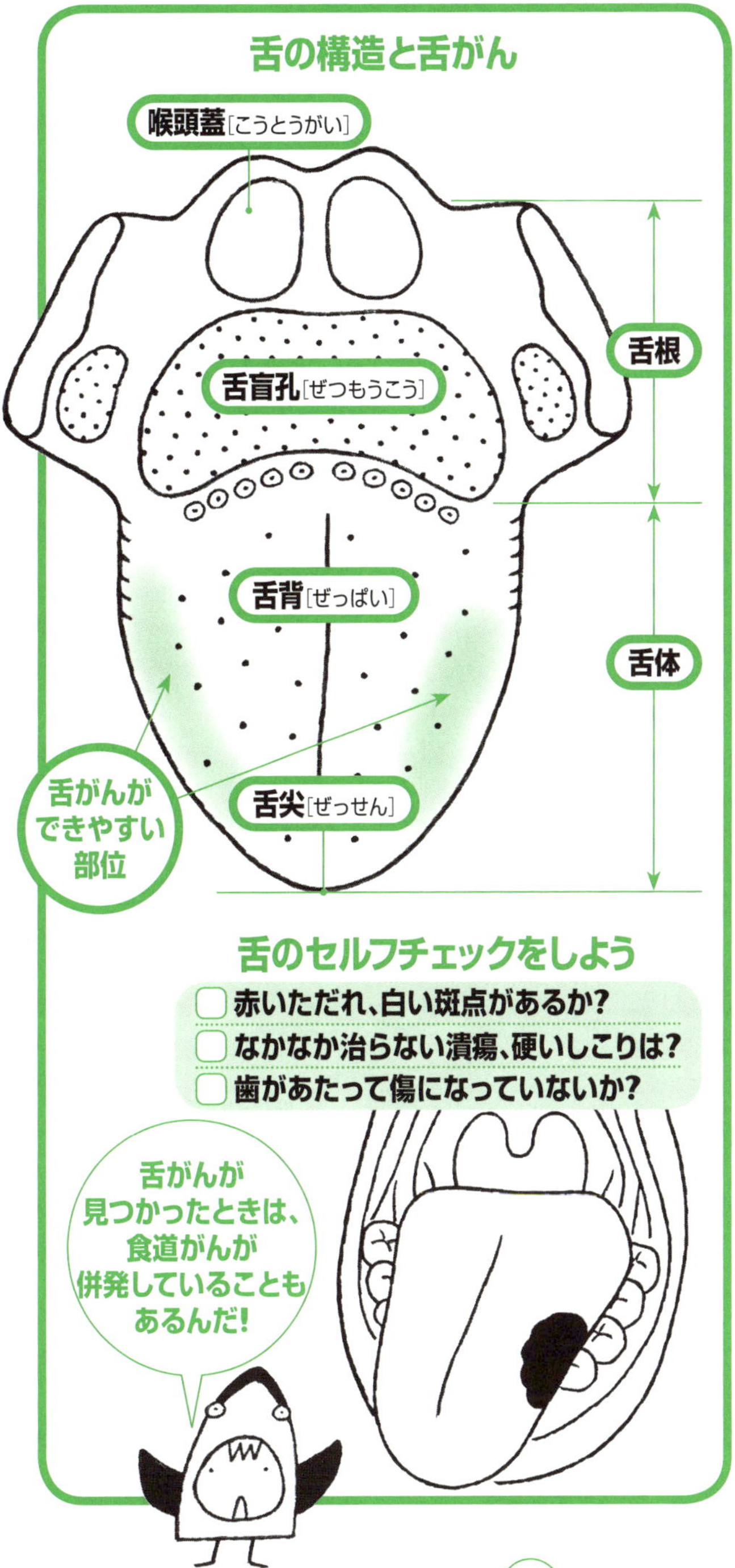

Column

最新医療 がんのPET検査

「PET検査」という、がんを検査する方法があります。PETとは、「陽電子放射断層撮影」という意味で、ポジトロン・エミッション・トモグラフィー（Positron Emission Tomography）の略です。「ポジトロン断層法」ともいいます。

がんは、早期発見がいいに越したことはありませんが、現実は、がん細胞がある程度成長してからでなければ発見しにくい病気でもあります。

そこで、早期発見のために、開発されたのがPET検査です。特殊な検査薬（FDG）で〝がん細胞に目印をつける〟という方法です。

具体的には、ブドウ糖に近い成分検査薬を点滴によって人体に投与します。がん細胞は増殖しているためにFDGをたくさん取り入れますので、体内の全身の細胞に差別化ができ、がん細胞だけに目印をつけることができます。

ただ、PET検査だけではすべてのがん細胞を見つけることはできません。肝細胞がんや胆道がん、白血病には有用性が低いとされています。そこで、CT（コンピュータ断層撮影法）やMRI（磁気共鳴画像）検査を組み合わせ、より精度の高い診断結果を得ます。PET検査は細胞の性質を調べてがんを発見するもので、がんの可能性が確定すれば、そこから治療方針を決めます。

第6章

体の各臓器に発症するおもな病気と原因

私たちの体は常に危険にさらされています。
各臓器に発症するがん以外の
さまざまの病気の症状と原因を究明します。

47 突然死もある虚血性心疾患

循環器障害の狭心症と心筋梗塞の違い

循環器とは、体液（血液・リンパ液など）を全身に流通させる器官で心臓と血管、リンパ管をあわせたものを総合的に呼んでいます。**近年、日本では悪性新生物（がん）に加え、心疾患、老衰の3つが死因の上位となっています（2018年厚労省・人口動態統計月報年計）。**

虚血性心疾患の代表は「心筋梗塞」「狭心症」ですが、その原因は心臓に栄養を送る血管である「冠状動脈（冠動脈）」の血管が詰まりかけたり詰まったりするからです。それは「**動脈硬化**」によっておこります。冠状動脈の壁が動脈硬化により、徐々に狭くなる場合と、血液の固まりが冠状動脈に詰まる場合とがあります。

心臓は1日に約10万回というポンプの働きで全身に血液を送り出しています。ポンプの役目をする心臓の筋肉への血の巡りが悪くなること（虚血《きょけつ》）を「狭心症」といいますが、**狭心症はまだ心臓の筋肉の機能は完全に低下はしていません。**

一方、**冠状動脈が完全に詰まるか、急激に細くなるかによって、心臓の筋肉細胞が死んでしまい（壊死《えし》）、機能が低下することを「心筋梗塞」といい、突然死を引きおこすこともあります。**

脳血管障害と合わせると、がんよりも血管の病気で亡くなる人のほうが多く、どちらも心臓が締《し》めつけられるような強い痛みを感じる共通の特徴があります。

「動脈硬化症」は、血管の病気の中で最も多いものです。血管の内側にコレステロールなどが付着し血管が狭く硬くなり、血液の流れが悪くなった状態です。原因はおもに、糖尿病、高血圧、高脂血症、肥満、喫煙、ストレス、生活習慣、体質などです。

循環障害によるおもな病気

狭心症の際
ニトログリセリンの
入った薬をなめると、
冠状動脈を拡張させる
作用があるんだ!

脳	**脳卒中**［脳出血・クモ膜下出血］
心臓	**不整脈、虚血性心疾患**［狭心症・心筋梗塞］**、心臓弁膜症、心不全**
血管	**動脈硬化症、大動脈瘤と大動脈解離、肺梗塞症**
血圧	**高血圧、腎臓病、肺高圧症**
その他	**糖尿病**

狭心症と心筋梗塞の違い

狭心症

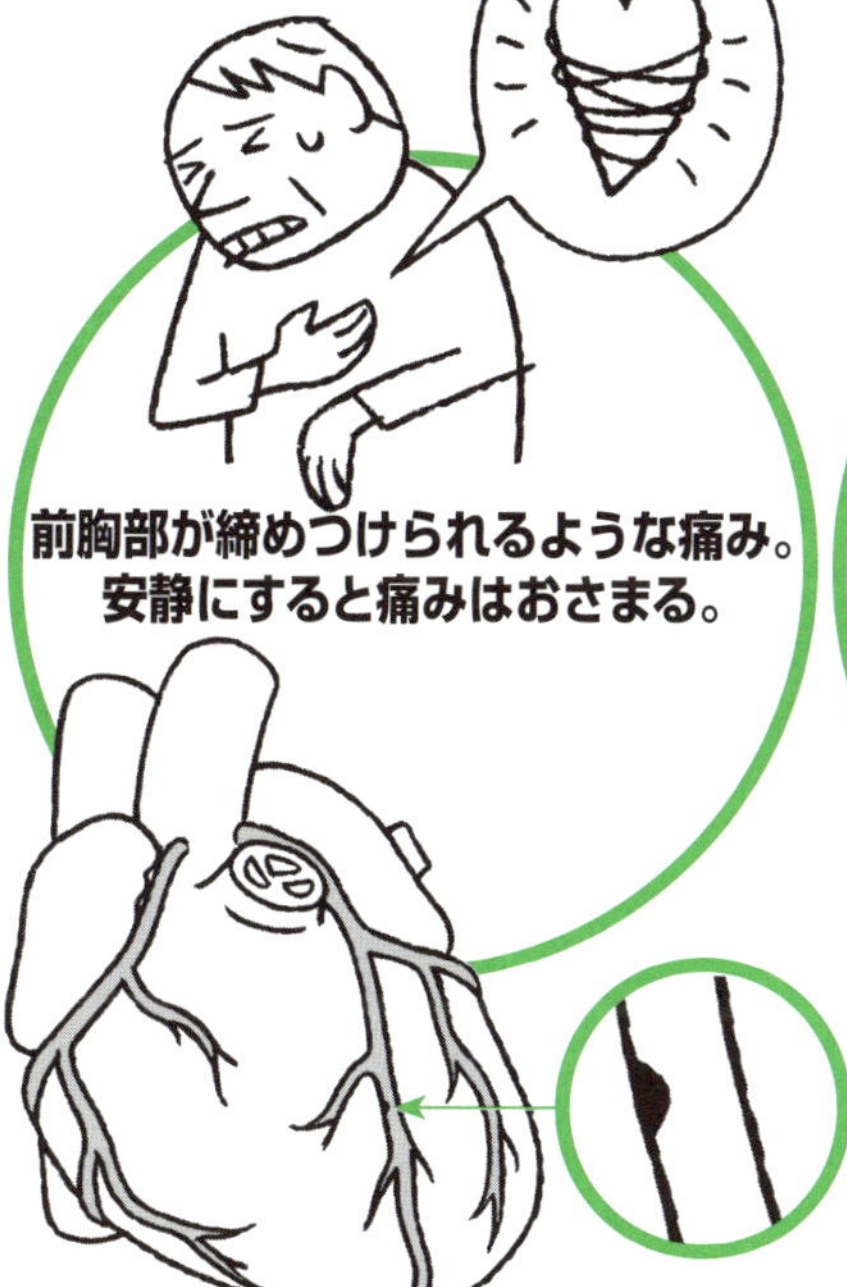
前胸部が締めつけられるような痛み。
安静にすると痛みはおさまる。

冠状動脈の狭窄《きょうさく》［狭くなる］
一時的に酸素が不足して
虚血状態になる。

心筋梗塞

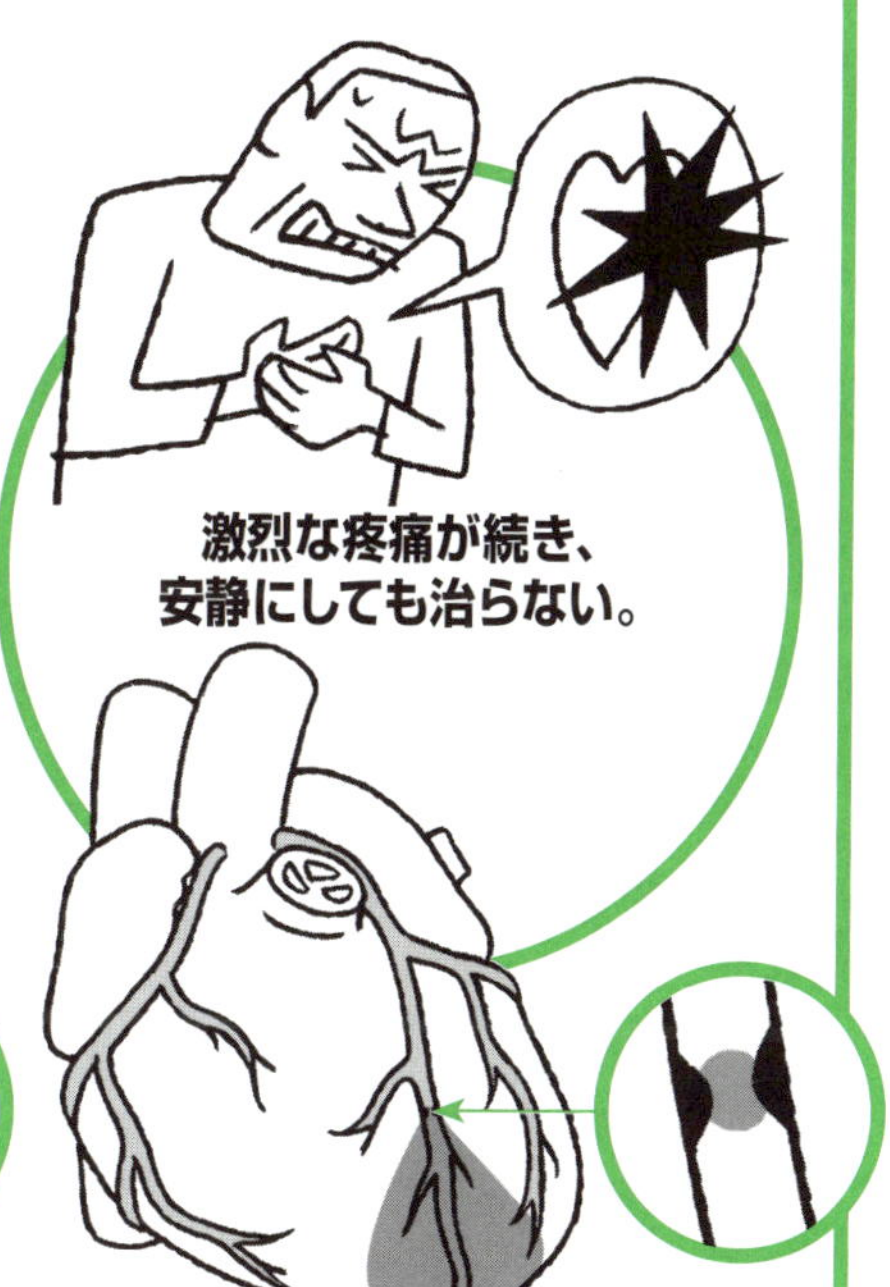
激烈な疼痛が続き、
安静にしても治らない。

冠状動脈の閉塞《へいそく》［閉じてふさぐ］
血栓ができて血流の供給が途絶え、
心臓が壊死する。

48 呼吸器にみられるおもな病気

慢性閉塞性疾患と気管支ぜん息

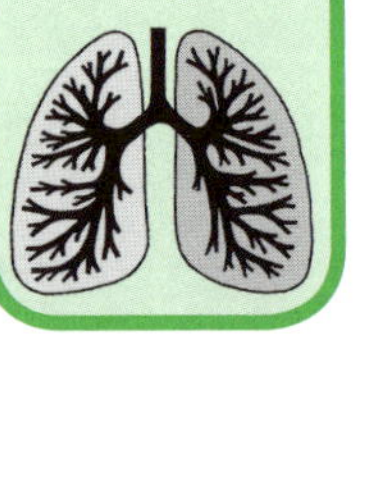

呼吸とは、体内に酸素を取り込み、不要な二酸化炭素を放出する働きです。この役割を担う呼吸器の病気は風邪、インフルエンザ、気管支炎から肺がんまで多種多様です。なかでも、**肺の生活習慣病といわれ、中高年以上に多い「慢性閉塞性肺疾患《まんせいへいそくせいはいしっかん》（COPD）」は全世界でも死亡原因の上位を占めています。**

最大の原因は喫煙で喫煙者の15～20％がCOPDを発症しています。タバコの煙が肺に入ることで、気管支に炎症がおきて、気管支の奥にある肺胞《はいほう》が破壊される「**肺気腫《はいきしゅ》**」という状態になり、酸素を取り入れ、二酸化炭素を排出する機能が低下するのです。当然、他人の煙を吸ってしまう「**受動喫煙**」も危険因子となります。症状の特徴は、体を動かしたときに息切れ（呼吸困難）を感じたり、咳や痰《たん》が出ます。このCOPDとは慢性呼吸器症候群の一群を指し、代表的疾患に「**気管支ぜん息**」がありますが、発症や悪化の大きな要因がアレルギーに関与することがCOPDとは異なるところです。また、COPDは発症してダメージを受けた肺組織は元に戻ることはありません。この点も気管支ぜん息とは異なります。ほかに「**びまん性汎細《はんさい》気管支炎**」があります。呼吸細気管支と呼ばれる細い気管支に慢性炎症がおこり、咳や痰が出たり、息苦しくなる病気です。

かつて国民病といわれた「**肺結核**」ですが、平成29年の死亡数は2,303人（厚労省調べ）と今でも注意しなければいけない感染症です。**結核菌が肺に感染しておこる病気で、咳、痰、倦怠感、発熱など風邪の症状と似ていますが、2週間以上咳が続いて血痰が出た場合は、早めに医師の診断を受けてください。**

「**塵肺症**《じんぱいしょう》」は、粉塵を吸入することにより、肺に線維化という病変が発生する病気の総称で、職業性肺疾患のひとつです。鉱山、石綿（アスベスト）を扱う職場、石工、金属の粉末に曝露《ばくろ》される職場などで粉塵を長期間吸入することにより発症します。**「気胸《ききょう》」は、胸膜腔の空気が漏《も》れ肺が破《つぶ》れる病気で、多くは胸痛、呼吸困難、咳などの症状を示します。**

高齢者の多くにみられる肺炎に「**誤嚥性肺炎**《ごえんせいはいえん》」があります。食べ物や唾液などが誤って食道でなく気管に入って排出できず、肺に流れ込んだ細菌が繁殖することでおこる肺炎です。

肺炎を発症すると、発熱や強い咳が続きますが、誤嚥性肺炎はこうした症状がでにくいのですが、軽く考えずに診察を受けることをおすすめします。

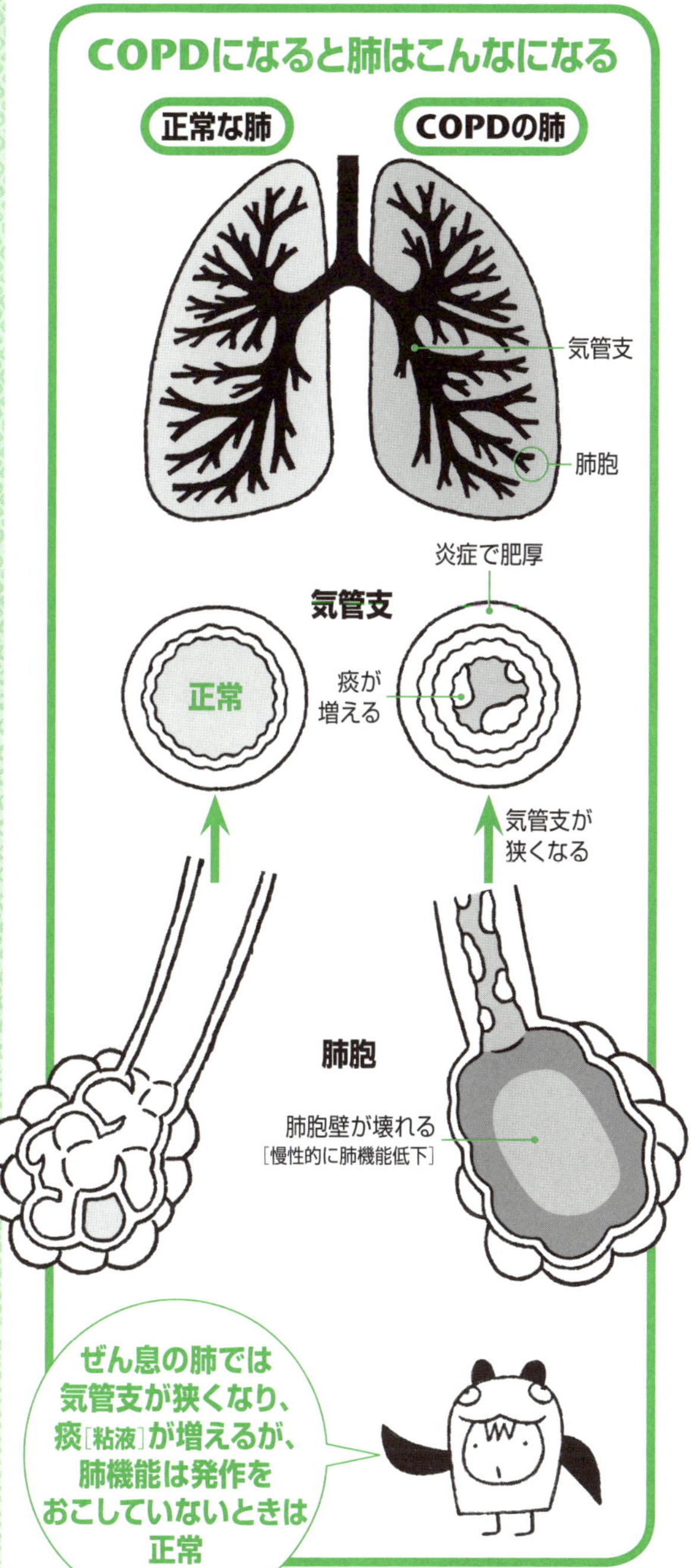

49 消化管のおもな病気と症状

放っておくとがんになる炎症とポリープ

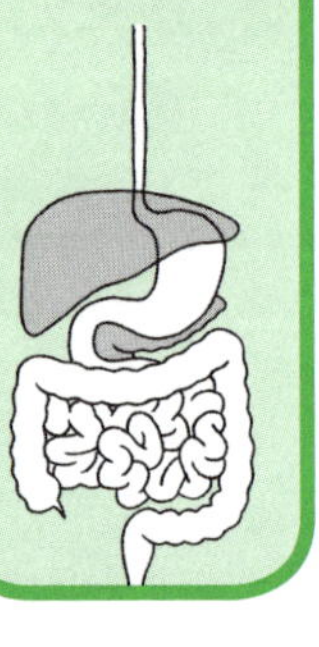

消化管とは、口腔から始まり食道、胃、小腸、大腸を経て肛門までの食物の通路のことをいいます。食道から胃までを上部消化管といい、食道にみられる病気で、近年増えているのが食道の粘膜が炎症をおこした**「食道炎」です。その症状は、胸部の痛み、嚥下《えんげ》障害（飲み込みにくい）、胸やけ、呑酸、などがあります。**食道炎の中で多いのが**「逆流性食道炎」**で、これまでは高齢者に多くみられましたが、最近では若い人にも増えてきました。**放置すると潰瘍に進行し、食道がんのリスクも高くなります。便秘が原因のひとつとされており、食生活にも注意が必要です。**

肝硬変患者の3大死因のひとつとなっているのが**「食道静脈瘤《りゅう》」**です（そのほかは肝がん、肝不全）。食道粘膜の下層にある静脈が太くなり瘤《こぶ》のようになった状態です。これは**「門脈《もんみゃく》圧亢進症《あつこうしんしょう》」**が原因となって発症します。**「門脈」とは、腸で吸収された栄養素を肝臓に送り込む血管のことで、門脈を通して取り込んだ栄養は肝臓で処理されて全身に運ばれます。**しかし、肝硬変になると血液が流れにくくなり、それまで門脈を流れていた血液は、本来のルートからはずれて食道の血管を流れるようになります。食道への血流が多くなる結果、血管が瘤のようにふくれあがって食道静脈瘤になります。手当が遅れると瘤が破れ大出血してショック死をすることもある怖い病気です。

胃の粘膜の炎症でおきる「胃炎」は、急性胃炎と慢性胃炎に分けられ、急性胃炎は喫煙、暴飲暴食、過剰なアルコール摂取、ストレスが原因のものと、感染性（ブドウ球菌、アニサキス）があります。慢性胃炎はヘリコバ

クター・ピロリ（ピロリ菌）、や加齢などの複数の因子が絡《から》み合っているとされます。

胃の粘膜にポリープができる「**胃ポリープ**」には、放置しても問題のない「**胃底腺《いていせん》ポリープ**」、比較的ピロリ菌が原因でなることが多い「**過形成性ポリープ**」、正常組織よりがんを発症しやすい前がん病変と考えられている「**胃腺腫《いせんしゅ》ポリープ**」などがあります。

また口腔内、小腸、大腸などで慢性的に炎症をおこす病気に「**クローン病**」があります。まだ原因はわかっていませんが、症状は、腹痛、下痢、体重減少、食欲不振、発熱、全身倦怠感、貧血など全身に及びます。

「大腸ポリープ」は、大腸の内腔にできたイボ状のもので、良性の病気ですが、がん化しないよう良性の段階での治療が肝要です。

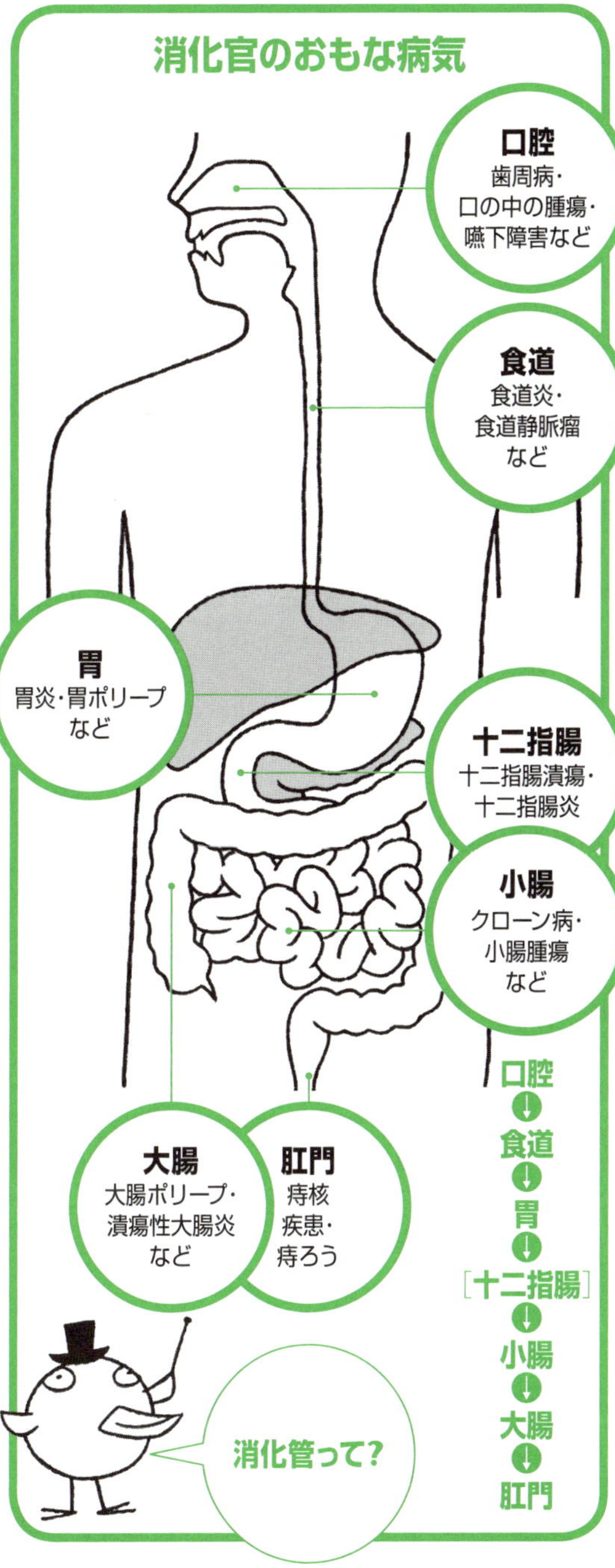

50 沈黙の臓器、肝臓の病気

原因はアルコール、ウイルス、生活習慣

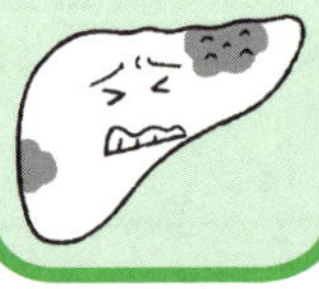

肝臓は横隔膜の直下、腹部右上にある最大の臓器で、胆汁の生成、糖、タンパク質、脂質などの代謝、有害物質の解毒《げどく》、血液の貯蔵などの働きがあります。

肝臓病の3大原因は「アルコール」、「ウイルス」、「生活習慣」です。肝疾患には急性と慢性があり、慢性疾患とは軽い炎症が半年以上続いている状態をいい、肝硬変や肝がんに進行するケースもありますので注意が必要です。

アルコールの大量摂取でおこる「**アルコール性肝障害**」は、肝臓内に中性脂肪がたまる「**アルコール性脂肪肝**」を発症し、「**アルコール性肝炎**」へと進行し、「**アルコール性肝硬変**」へと至り、「**肝臓がん**」という重篤《じゅうとく》な状態にまでなることがあります。沈黙の臓器といわれる肝臓は、肝臓障害がおこってもなかなか症状が現れません。肝硬変になって、腹水や黄疸、静脈瘤、吐血《とけつ》などの症状が出てくると、回復の見込みがないわけではありませんが、治療が難しくなることは否《いな》めません。

「ウイルス性肝炎」は、ウイルスが原因で肝臓に炎症が生じる疾患です。日本ではC型肝炎（HCV）が多く、B型肝炎と同じく血液や体液を介して感染します。急性期の症状で治まることもあれば、慢性化して肝硬変や肝細胞がんなどの病気が発症することもあります。

最近、ウイルスにかかってもいないのに、肝臓がんを発症する人が増えています。**肥満の人の多くに脂肪肝がみられますが、肝硬変から肝臓がんへと進行する脂肪肝（非アルコール性脂肪肝炎）がその要因です。**

肝機能の改善は生活習慣を改めることから始めてください。

肝硬変の症状

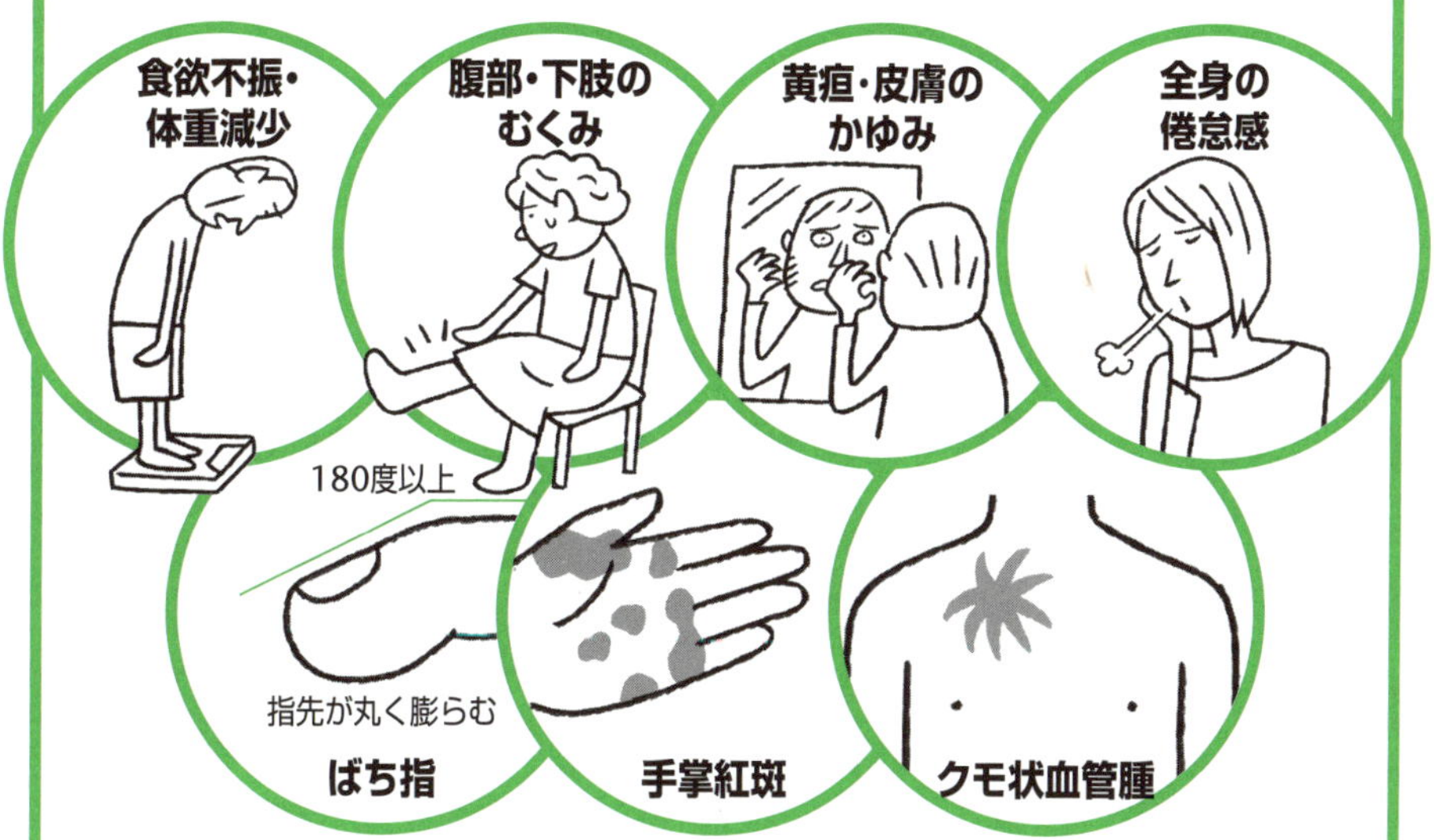

肝臓病の原因と進行状況

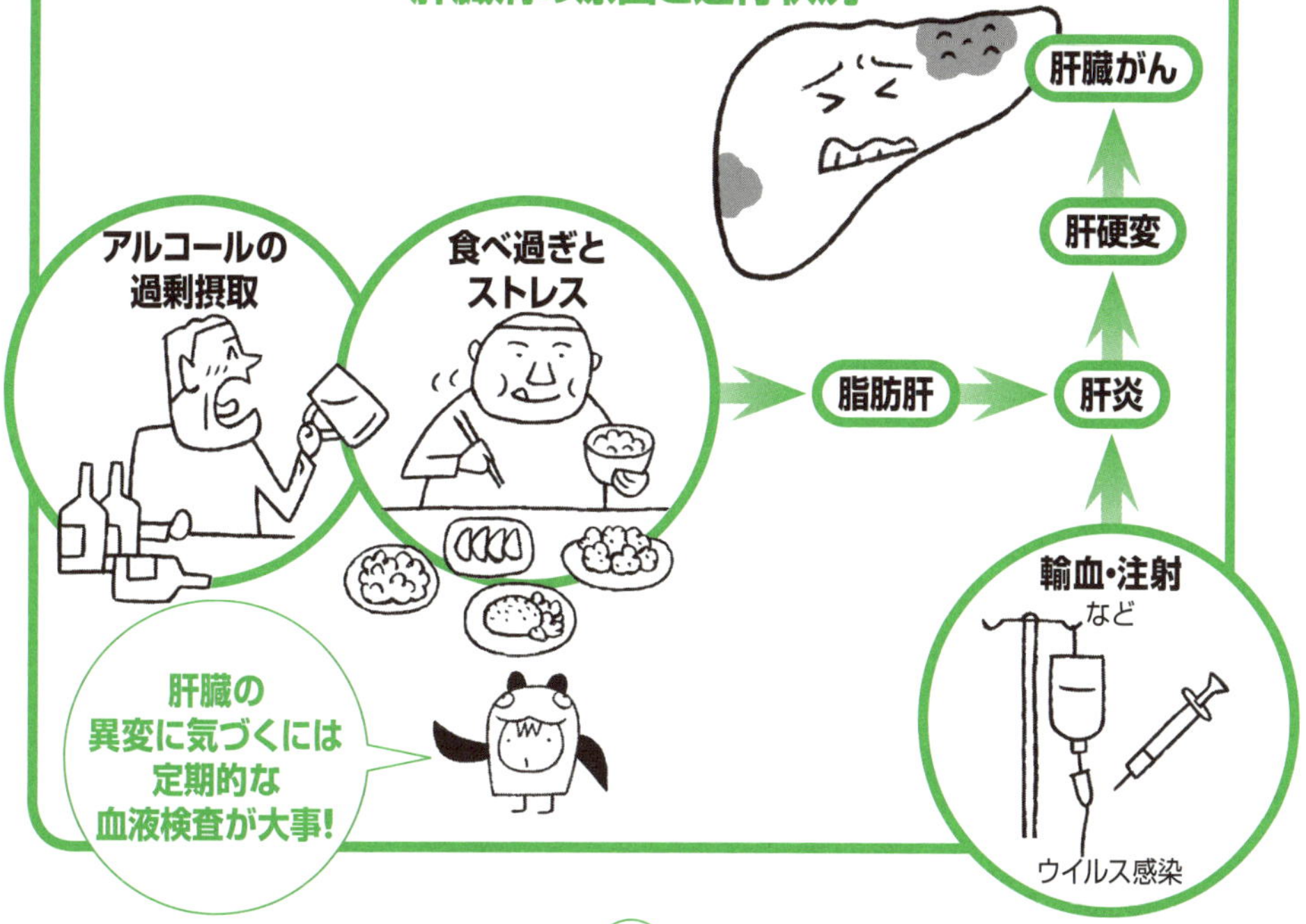

51 胆のうと膵臓の病気
気をつけなければいけない結石

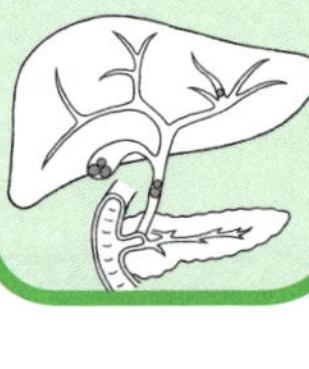

「胆のう」は、肝臓で分泌された胆汁を十二指腸へ送るまで一時的に蓄える臓器です。西洋梨《なし》状の形をしています。胆汁は肝臓で生成される黄褐色のアルカリ性の液体で、脂肪の消化を助ける働きをします。

脂肪を摂りすぎて、この胆汁の成分（コレステロール）が石状になって固まったのが胆石（胆のうや胆管にできる結石）です。

「胆石症」の中でいちばん多いのが**「胆のう結石」**ですが、ほかにも、胆石のできる場所によって**「総胆管結石」**や**「肝内結石」**という種類があります。

一般的な症状としては、みぞおちを中心に激しい痛みがあり、右肩や背中の痛みを伴うこともあり、血液検査でＧＯＴやＧＰＴ（肝細胞の障害を示す値）の上昇がみられれば、胆石の存在を疑います。

「胆のう結石」が原因で、胆汁の流れが滞《とどこお》り細菌感染をおこしたものを「胆のう炎」といいます。典型的な症状に、発熱、右わき腹の痛みがあります。しかし、高齢、糖尿病がある場合には、痛みを感じないこともあるので注意が肝心です。

「膵臓」は、胃の背部にある細長い器官で、膵管を通して、消化液である膵液を十二指腸へ分泌しています。また、**インスリンというホルモンを内分泌して血液内の糖量を調節します。**インスリンの作用不足による「糖尿病」にも注意が必要です。

「膵炎」には、「急性膵炎」と「慢性膵炎」があります。「急性膵炎」の最も多い原因は、アルコールの飲みすぎで、全体の４割を占めます。次に多いのは、膵管と胆管の間に胆石が詰まったものです。ほかには、手術や内視鏡検査など医療行為が原因でおこったもの、膵臓や胆道の奇形などさまざまですが、原因不明のものも約2割あります。症状は、みぞおちから背中にかけての断続的な痛み、吐き気、発熱などがあります。

「慢性膵炎」は、急性膵炎と同じアルコールの飲みすぎがいちばん多い原因で、男性が7割を占めますが、原因不明のものが約2割あります。特に女性の慢性膵炎の約半数は原因不明の〝特発性〟とされています。

慢性膵炎になると、病気は徐々に進行してしまい、正常な細胞が破壊されて線維組織に置き換わり、消化吸収不良や糖尿病を発症します。ここまで来ると基本的に治らなくなりますので、早期に発見し治療することと、飲酒や脂肪の多い食事は控えて自己管理をすることが大事です。

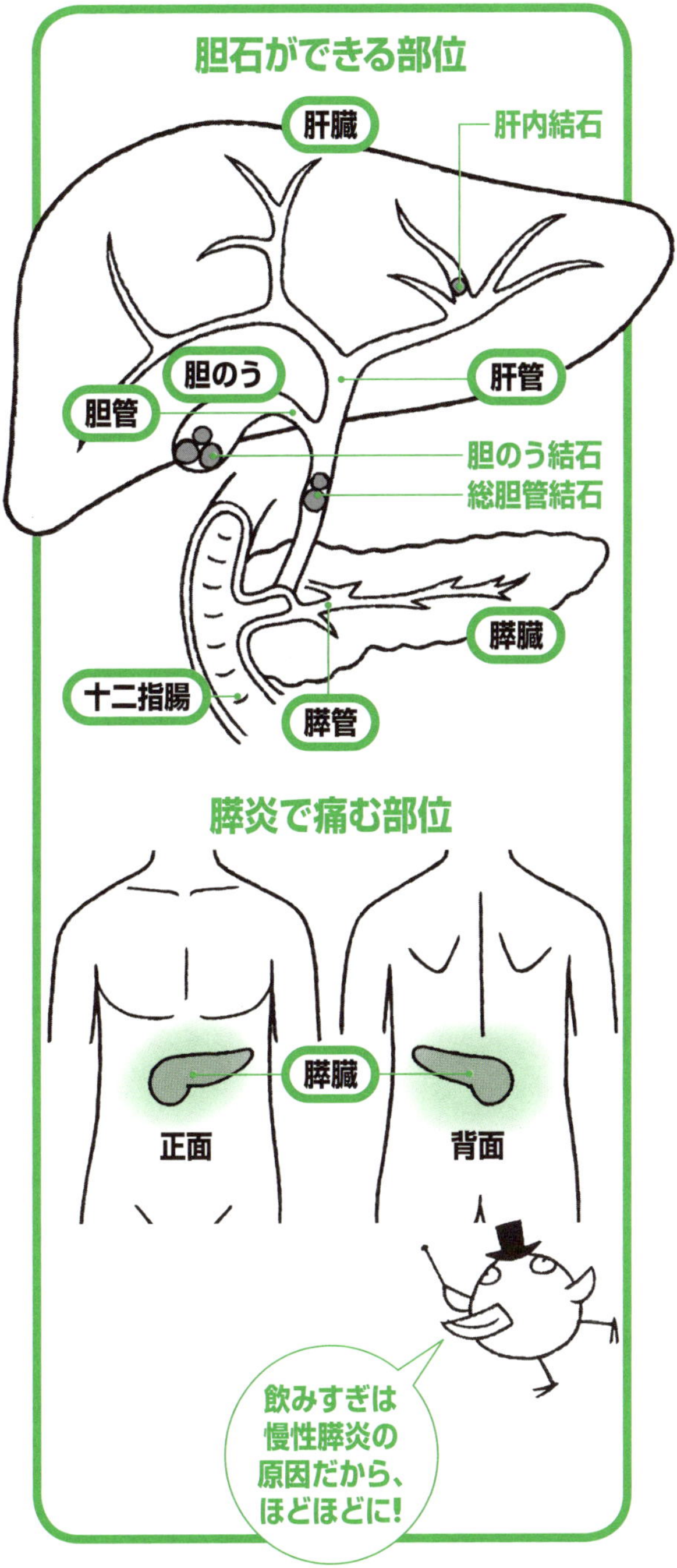

52 ホルモンを分泌する内分泌器の病気

甲状腺機能亢進症と低下症

「内分泌器」とは、ホルモンを分泌する器官のことで、ホルモンを分泌する「**腺**」ともいうことから、「**内分泌腺**」ともいいます。**ホルモンとは臓器や組織が正常に維持するよう働きかける微量の化学物質で、インスリンやアドレナリンなど、さまざまな種類があります。**分泌されたホルモンは血液中に溶けて、毛細血管に至るまで全身を巡り、各器官の機能を調節します。

甲状腺で生成・分泌される「**甲状腺ホルモン**」**の機能は、物質代謝を促すことで、発育、成長に関わり、過剰になっても不足しても体調のバランスを崩《くず》します。**

「**甲状腺機能亢進症**《こうじょうせんきのうこうしんしょう》」**は、免疫の異常によりおこる自己免疫疾患です。**血液の中に自己抗体ができて自分の甲状腺を攻撃することにより甲状腺が肥大し、甲状腺ホルモンが過剰に分泌され発症します。

「**バセドウ病**」**は**「**甲状腺機能亢進症**」**のひとつです。**男女比は1対5～6人くらいで女性に多く、20～30歳代に多くみられます。症状は、首のつけ根の腫《は》れ(甲状腺腫)、手の震え、月経不順、不妊、食欲に関係なく痩せる、感情的になる、集中力の低下、眼球が飛び出たようになることもあります。

「**甲状腺機能低下症**」**は、慢性的な甲状腺の炎症によって、甲状腺ホルモンが出なくなり、むくみや全身のだるさなどが現れ、体の動きも精神活動も不活発になります。**

これら甲状腺ホルモンの異常による病気の詳しい原因のすべてはわかっていませんが、「**橋本病**(**慢性甲状腺炎**)」は自己免疫疾患が原因で甲状腺機能低下症のときに最もおきやすい病気といわれています。

ホルモンを分泌する内分泌器と役目

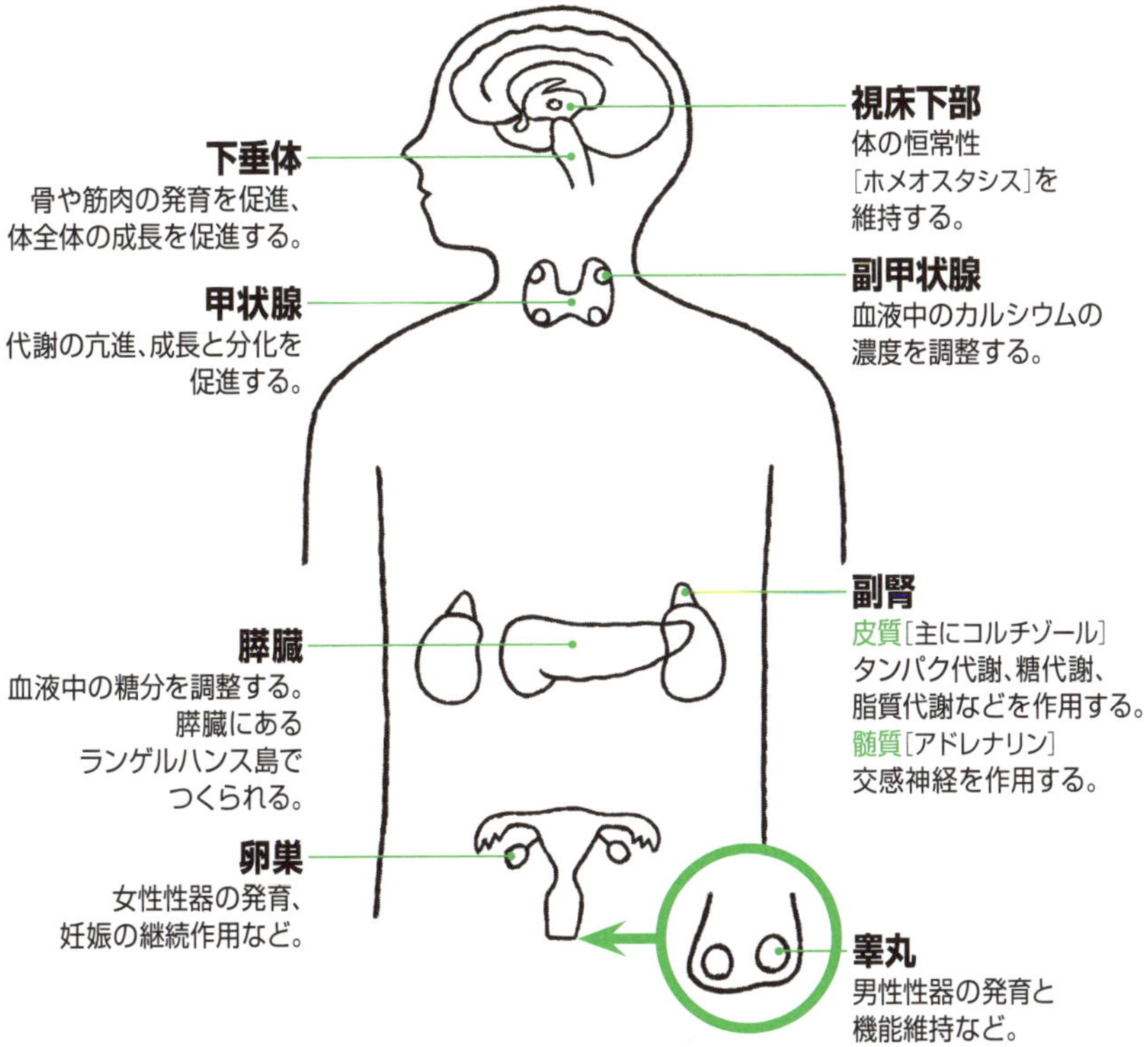

甲状腺機能亢進症と低下症の症状の違い

53

泌尿器の病気

頻尿、排尿障害、血尿などを見逃さない

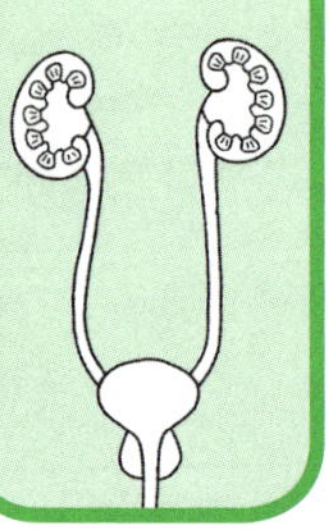

「泌尿器」とは、左右の腎臓・尿管・膀胱・尿道からなる器官の総称です。

なかでも腎臓は、体液の恒常性の維持という重要な役割を担っています。体内の左右に1個ずつあり、ソラマメのような形状の臓器で、体が必要とする栄養素と不必要なものを選別し、不用なものは尿として体外に排出する機能があります。この機能が低下すると、体内に老廃物が溜まり、いろいろな病気を引きおこします。

腎臓病には多くの種類があり、「**ネフローゼ症候群**」**は単一の病気を指す言葉ではありませんが、尿の中にタンパク質が多量に出てしまい、血液中のタンパク質が不足している状態です。**血液の中で最も多いアルブミンというタンパク質が減少すると、尿の泡立ちや浮腫《ふしゅ》（むくみ）という共通の症状がみられます。

「**腎盂炎《じんうえん》（腎盂腎炎）**」は尿道から膀胱、膀胱から腎臓へと逆流した大腸菌、緑膿菌《りょくのうきん》などの細菌が、腎臓の組織に感染して炎症をおこすもので、膀胱炎から移行することも少なくありません。

「**腎不全**」は、腎臓の機能が低下して尿量が減少し、体内の水分や電解質のバランスが乱れている状態のことをいいます。原因は糸球体《しきゅうたい》組織（尿の元をつくる）の機能低下ですが、この機能が60％以下まで低下した状態を「腎不全」と呼んでいます。「**急性腎不全**」は体液量の低下や血液量の減少がおもな原因となりますが、「**慢性腎不全**」で最も多いのは糖尿病によるものです。

新たな国民病といわれている「慢性腎臓病（CKD）」は生活習慣病や慢性腎炎が原因で、初期の自覚症状はな

く、進行すると、夜間尿、貧血、倦怠感などが現れます。腎臓の働きの指標はGFR（糸球体濾過量）で表示されます。

「**尿路結石**」は、尿の通り道である腎盂、腎杯《じんぱい》、尿管、膀胱、尿道などに石ができることです。原因は、食生活の関係が大きく、カルシウムよりもシュウ酸のほうが結石をつくりやすいことがわかってきました。ほうれん草、コーヒー、コーラなどがシュウ酸を含んでいます。**症状は、石のできる場所や大きさによって異なりますが、背中・お腹の痛みや残尿感、血尿などがみられます。**「**前立腺肥大症**」**は前立腺が大きく、尿道が細くなり、排尿困難や頻尿、尿失禁などの症状が現れます。50歳以上の日本人男性に多くみられます**［詳細は104ページ参照］。女性に多いのは膀胱炎です。膀胱に大腸菌をはじめとする菌が入り炎症をおこすのですが、女性は尿道が短く菌が入りやすいのです。

泌尿器官の構造

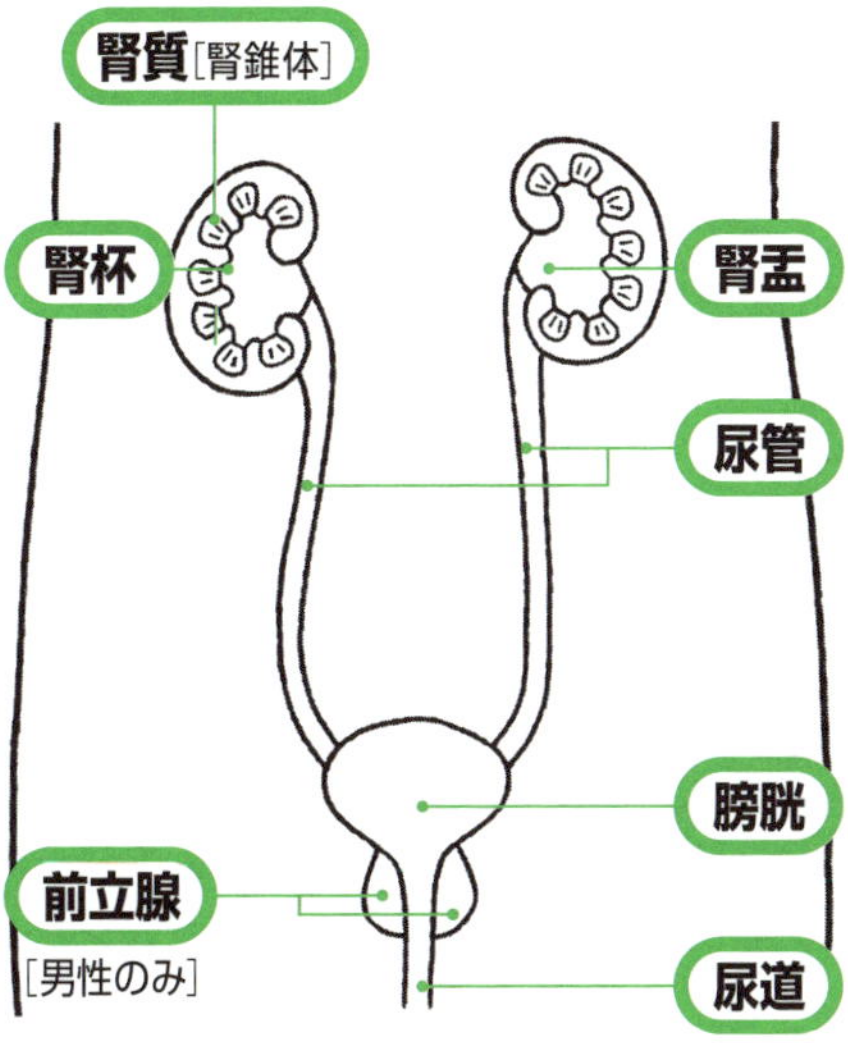

症状別による泌尿器の病気

頻尿
［排尿回数が多い］
過活動膀胱炎、膀胱炎、子宮筋腫、前立腺肥大症

排尿困難
前立腺肥大症、急性腎不全［無尿］

排尿痛を伴う
急性膀胱炎、尿管結石、尿道炎、腎盂炎

血尿を伴う
急性腎炎、急性膀胱炎、腎臓結石・膀胱結石・尿路結石

痛みや膿が出る
［性病］
淋菌感染症、性器クラミジア感染症

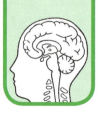

54 中枢神経系の病気

脳と脊髄を襲い障害を引きおこす

神経細胞が集まって中枢をなしているものを**「中枢神経系」と呼び、「脳」と「脊髄」がこれにあたります。**

「脳」は、「大脳」「脳幹」「小脳」で構成され、「脊髄」とあわせて「中枢神経系」と呼ばれることから、中枢神経系は「脳脊髄」ともいいます。

その「脳脊髄（中枢神経）」から枝のように出ている神経線維が「抹梢《まっしょう》神経」で、情報の伝達を行っています。末梢神経には運動神経と自律神経があります。

がん、心臓病、老衰に次いで死因が4番目の**「脳卒中」**は、脳の循環障害が原因で、意識障害に陥り、運動や言語に障害を伴う病気です。

脳卒中を原因によって大別すると、「脳梗塞」「脳出血」「クモ膜下出血」の3つに分けられます。「脳梗塞」は、脳の血管が詰まるのに対して、「脳出血」と「クモ膜下出血」は、脳の血管が破れるというところに違いがあります。

「脳梗塞（アテローム血栓性梗塞）」は脳血管が詰まり、血液が行かなくなった部分が死んでしまい障害が出ます。粉瘤《ふんりゅう》というかゆ状のかたまりなどが固まってできるアテロームが血栓となって梗塞がおきます。

「脳出血」は、脳の中の小さな血管が切れたり破れたりして脳機能にいろいろな障害が現れる病気です。

「クモ膜下出血」は、脳の表面を覆っているクモ膜と脳表面との間に出血をおこした状態です。

大脳皮質から脊髄に向かって下行する神経回路の錐体外路に障害をおこすのが「錐体外路症状」で、代表的な疾患が**「パーキンソン病」**です。

大脳皮質には、言語・運動・感覚・情動などに関係するあらゆる神経細胞が集まっています。この大脳皮質の指令を調節し、**体の動きを円滑にしているのは神経伝達物質の「ドパミン」ですが、パーキンソン病はそのドパミン神経細胞が壊れてしまい、ドパミンが減ることによって発症します。手足の震えや筋肉のこわばりなど運動機能に障害が現れる病気です。**

パーキンソン病の半数近くの人はうつ状態かうつ病を合併していると考えられています。

「**うつ病**」の発症の要因もドパミンの異常によるとされており、パーキンソン病との密接な関連が考えられます。**症状的には睡眠障害、疲労感・倦怠感、食欲の減退、動悸・息苦しさなど、さまざまな原因があります。**また、「**双極性障害**」はそう状態とうつ状態が反復する疾患です。

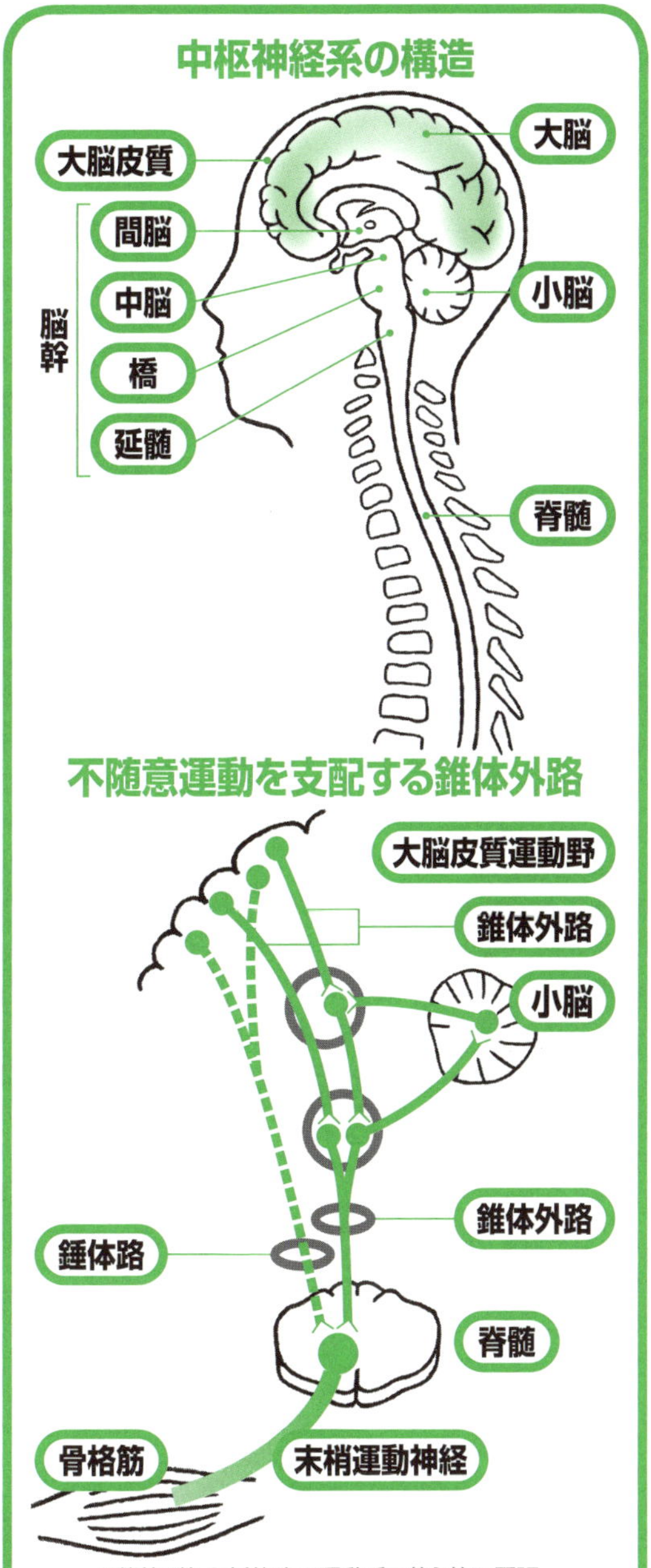

骨格筋が行う錘体路の運動系に伴う筋の緊張、弛緩などの運動を無意識的に調整するのが錐体外路。

Column
これからの医療

医療界は今後、超高齢化、都市化、過疎化という社会現象の問題と併せて、慢性疾患の増大、治癒の難しい難病の治療法など課題が山積しています。

そんな社会環境に対処する「ＩＣＴ（情報通信技術＝information and communication technology）」を活用した医療はかかせないだろうということは誰もが予想できます。

専門の医師がいない地域の患者や、生活の中で孤立しがちなお年寄りでも、ＩＣＴを活用することで、遠隔治療や見守りなどによって専門医療や生活支援が受けられることが期待されます。

地域でも全国でも、どこでも誰でも、自身の健康・医療・介護情報のネットワークができて、医師などに安全に共有され、かかりつけ医と連携しながら持続的な診療やケアが受けられることが大切です。そのほうが、検査や薬の重複が避けられ、負担も軽減されます。

また、ビッグデータの活用や「ＡＩ（人工知能＝artificial intelligence）」による分析によって、現在、診断や治療が難しいとされている疾患でも、個人の症状や体質に応じた、迅速《じんそく》で正確な検査・診断、治療が受けられることでしょう。

疾患に苦しむさまざまな患者一人ひとりに寄り添った保険医療システムが今後も重要となります。

監修者●

志賀 貢《しが・みつぐ》

医学博士

北海道出身。

昭和大学医学部卒、同大学院医学研究科博士課程修了。

「腫瘍細胞の細胞周期と放射線感受性について」で医学博士。

現在「横浜悠愛クリニック」理事長としてつねに臨床現場での病理・医学研究を続けるかたわら、

患者に新しい正しい医学知識を身につけてもらうための啓蒙的著作を数多く世に出している。

著書はミリオンセラーとなった『医者のないしょ話』シリーズ［角川文庫］を始め、

『「からだと健康」ものしり雑学』［三笠書房］、『まちがい健康学』［毎日新聞社］、

『大人の健康「新」常識』［PHP文庫］、『知的性生活』［角川新書］、『臨終医のないしょ話』［幻冬舎］、

『「いのち」の奇跡』［インプレス］、『ポックリ往生の極意』［海竜社］など260冊を超える。

編集スタッフ

装幀●日下充典

本文デザイン●KUSAKAHOUSE

イラストレーション●わたなべじゅんじ

執筆●株式会社アイ・テイ・コム

編集協力●石田昭二

参考文献

『基礎からわかる病理学』浅野重之●著［ナツメ社］

『よくわかる病理学の基本としくみ』田村浩一●著［秀和システム］

『こわいもの知らずの病理学講義』中野徹●著［晶文社］

『［あまり］病気をしない暮らし』中野徹●著［晶文社］

『解剖生理をおもしろく学ぶ』増田敦子●著［サイオ出版］

『細胞の不思議』永田和宏●著［講談社］

『ビックリするほどiPS細胞がわかる本』北条元治●著［サイエンス・アイ新書］

『がんの原因と対処法がよくわかる本』藤原大美●著［現代書林］

『「がん」はなぜできるのか』国立ガンセンター研究所●編［講談社］

『とっても気になる血液の科学』奈良信雄●著［技術評論社］

『トコトンやさしい血液の本』毛利博●編著［B&Tブックス・日刊工業新聞社］

『日本一まっとうながん検診の受け方、使い方』近藤新太郎●絵と文［日経BP社］

『あなたの健康寿命はもっとのばせる!』渡辺光博●著［日本文芸社］

『人体の全解剖図鑑』水嶋章陽●著［日本文芸社］

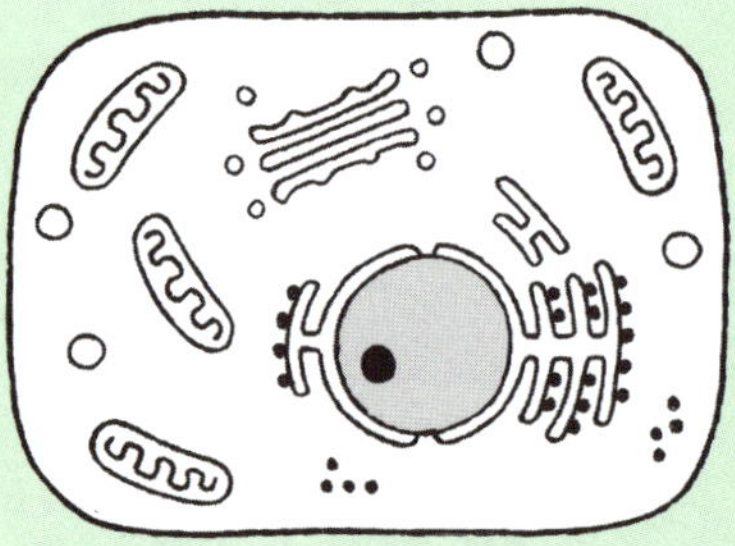

眠れなくなるほど面白い

図解《ずかい》 病理学《びょうりがく》の話《はなし》

2019年7月1日 第1刷発行
2022年8月1日 第4刷発行

監修者●
志賀《しが》 貢《みつぐ》

発行者●
吉田芳史

印刷所●
図書印刷株式会社

製本所●
図書印刷株式会社

発行所●
株式会社日本文芸社
〒100-0003東京都千代田区一ツ橋1-1-1 パレスサイドビル8F
TEL 03-5224-6460(代表)
URL●https://www.nihonbungeisha.co.jp/

Printed in Japan 112190625-112220715Ⓝ04(300015)
ISBN978-4-537-21697-4
[編集担当●坂]